高等学校教材

计算机应用

SolidWorks 及 COSMOSMotion
机械仿真设计

张晋西 郭学琴 编著

清华大学出版社

北京

内 容 简 介

　　本书以实例形式介绍了采用 SolidWorks 及 COSMOSMotion 进行机械仿真设计的技术与方法。首先用 SolidWorks 对机械进行三维造型和装配，然后用与 SolidWorks 无缝集成的 COSMOSMotion 三维动力学仿真软件添加运动、约束、力、碰撞等，对该机械进行运动和动力仿真模拟，用动画、图形、数据等多种形式输出零部件的轨迹、速度、加速度、作用力、反作用力等运动和动力参数。

　　所选择的实例均为机械设计中典型的应用实例，对建模步骤、分析过程进行了详细的讲解，随书附赠的光盘给出了书中所有实例的模型与分析结果。

　　本书最鲜明的特点是容易学习和掌握，实用性强，读者可以快速学会零件三维造型，建立仿真模型并进行分析。本书可作为高校教材及供机械设计技术人员使用。

图书在版编目(CIP)数据

SolidWorks 及 COSMOSMotion 机械仿真设计 / 张晋西，郭学琴编著. —北京：清华大学出版社，2007.1

（高等学校教材·计算机应用）

ISBN 978-7-302-14055-9

Ⅰ. S…　Ⅱ. ①张…②郭…　Ⅲ. 机械设计：计算机辅助设计–应用软件，SolidWorks、COSMOSMotion　Ⅳ. TH122

中国版本图书馆 CIP 数据核字（2006）第 125963 号

责任编辑：魏江江
责任校对：白　蕾
责任印制：何　芊

出版发行：清华大学出版社　　　　　　　　　　地　　址：北京清华大学学研大厦 A 座
　　　　　http://www.tup.com.cn　　　　　　邮　　编：100084
　　　　　社　总　机：010-62770175　　　　 邮　　购：010-62786544
　　　　　投稿与读者服务：010-62776969，c-service@tup.tsinghua.edu.cn
　　　　　质　量　反　馈：010-62772015，zhiliang@tup.tsinghua.edu.cn
印　装　者：三河市春园印刷有限公司
经　　销：全国新华书店
开　　本：185×260　印　张：16.5　字　数：408 千字
　　　　　附光盘 1 张
版　　次：2007 年 1 月第 1 版　　　印　　次：2008 年 5 月第 2 次印刷
印　　数：4001～6000
定　　价：29.00 元

本书如存在文字不清、漏印、缺页、倒页、脱页等印装质量问题，请与清华大学出版社出版部联系调换。联系电话：(010)62770177 转 3103　　产品编号：020080–01

编审委员会成员

（按地区排序）

南京理工大学	张功萱	教授
南京邮电学院	朱秀昌	教授
苏州大学	龚声蓉	教授
江苏大学	宋余庆	教授
武汉大学	何炎祥	教授
华中科技大学	刘乐善	教授
中南财经政法大学	刘腾红	教授
华中师范大学	王林平	副教授
	魏开平	副教授
	叶俊民	副教授
武汉理工大学	李中年	教授
国防科技大学	赵克佳	教授
	肖侬	副教授
中南大学	陈松乔	教授
湖南大学	林亚平	教授
	邹北骥	教授
西安交通大学	沈钧毅	教授
	齐勇	教授
长安大学	巨永峰	教授
西安石油学院	方明	教授
西安邮电学院	陈莉君	副教授
哈尔滨工业大学	郭茂祖	教授
吉林大学	徐一平	教授
	毕强	教授
长春工程学院	沙胜贤	教授
山东大学	孟祥旭	教授
	郝兴伟	教授
山东科技大学	郑永果	教授
中山大学	潘小轰	教授
厦门大学	冯少荣	教授
福州大学	林世平	副教授
云南大学	刘惟一	教授
重庆邮电学院	王国胤	教授
西南交通大学	杨燕	副教授

改革开放以来，特别是党的十五大以来，我国教育事业取得了举世瞩目的辉煌成就，高等教育实现了历史性的跨越，已由精英教育阶段进入国际公认的大众化教育阶段。在质量不断提高的基础上，高等教育规模取得如此快速的发展，创造了世界教育发展史上的奇迹。当前，教育工作既面临着千载难逢的良好机遇，同时也面临着前所未有的严峻挑战。社会不断增长的高等教育需求同教育供给特别是优质教育供给不足的矛盾，是现阶段教育发展面临的基本矛盾。

教育部一直十分重视高等教育质量工作。2001 年 8 月，教育部下发了《关于加强高等学校本科教学工作，提高教学质量的若干意见》，提出了十二条加强本科教学工作提高教学质量的措施和意见。2003 年 6 月和 2004 年 2 月，教育部分别下发了《关于启动高等学校教学质量与教学改革工程精品课程建设工作的通知》和《教育部实施精品课程建设提高高校教学质量和人才培养质量》文件，指出"高等学校教学质量和教学改革工程"是教育部正在制定的《2003—2007 年教育振兴行动计划》的重要组成部分，精品课程建设是"质量工程"的重要内容之一。教育部计划用五年时间（2003—2007 年）建设 1500 门国家级精品课程，利用现代化的教育信息技术手段将精品课程的相关内容上网并免费开放，以实现优质教学资源共享，提高高等学校教学质量和人才培养质量。

为了深入贯彻落实教育部《关于加强高等学校本科教学工作，提高教学质量的若干意见》精神，紧密配合教育部已经启动的"高等学校教学质量与教学改革工程精品课程建设工作"，在有关专家、教授的倡议和有关部门的大力支持下，我们组织并成立了"清华大学出版社教材编审委员会"（以下简称"编委会"），旨在配合教育部制定精品课程教材的出版规划，讨论并实施精品课程教材的编写与出版工作。"编委会"成员皆来自全国各类高等学校教学与科研第一线的骨干教师，其中许多教师为各校相关院、系主管教学的院长或系主任。

按照教育部的要求，"编委会"一致认为，精品课程的建设工作从开始就要坚持高标准、严要求，处于一个比较高的起点上；精品课程教材应该能够反映各高校教学改革与课程建设的需要，要有特色风格、有创新性（新体系、新内容、新手段、新思路，教材的内容体系有较高的科学创新、技术创新和理念创新的含量）、先进性（对原有的学科体系有实质性的改革和发展、顺应并符合新世纪教学发展的规律、代表并引领课程发展的趋势和方向)、示范性(教材所体现的课程体系具有较广泛的辐射性和示范性)和一定的前瞻性。教材由个人申报或各校推荐(通过所在高校的"编委会"成员推荐),经"编委会"认真评审,最后由清华大学出版社审定出版。

目前,针对计算机类和电子信息类相关专业成立了两个"编委会",即"清华大学出版社计算机教材编审委员会"和"清华大学出版社电子信息教材编审委员会"。首批推出的特色精品教材包括:

(1)高等学校教材·计算机应用——高等学校各类专业,特别是非计算机专业的计算机应用类教材。

(2)高等学校教材·计算机科学与技术——高等学校计算机相关专业的教材。

(3)高等学校教材·电子信息——高等学校电子信息相关专业的教材。

(4)高等学校教材·软件工程——高等学校软件工程相关专业的教材。

(5)高等学校教材·信息管理与信息系统。

(6)高等学校教材·财经管理与计算机应用。

清华大学出版社经过 20 年的努力,在教材尤其是计算机和电子信息类专业教材出版方面树立了权威品牌,为我国的高等教育事业做出了重要贡献。清华版教材形成了技术准确、内容严谨的独特风格,这种风格将延续并反映在特色精品教材的建设中。

清华大学出版社教材编审委员会
E-mail: dingl@tup.tsinghua.edu.cn

前 言

本书对一些具有代表性的常用机械产品，根据拟定的原始参数，采用 SolidWorks 进行三维设计，然后用 COSMOSMotion 进行运动和动力学仿真分析，从而验证、修改、优化设计方案，使得以前需要组织研究团队，进行复杂设计计算，制造物理样机验证结果的设计过程大大简化，一个人在极短的时间就可以完成完整且具有说服力的机械设计方案。本书的目的就是为普通的设计人员提供一种最容易学习掌握的、实用的，从设计到分析全过程的三维机械仿真方法。

本书选择的软件，在造型、仿真方面，相对其他软件来说，是非常容易掌握的。在目前市场上所见到的三维 CAD 解决方案中，SolidWorks 是世界销售套数最多的三维软件，占有率第一，顾客满意度最高，是市场快速增长的领军者，COSMOSMotion 是用菜单形式添加到 SolidWorks，并与其无缝集成的功能强大的三维动力学仿真软件。通过本书可以学习到两方面的知识：一是采用 SolidWorks 进行造型设计；二是用 COSMOSMotion 建立仿真模型，对机器进行运动和动力仿真。后者是其他书籍较少涉及的内容。

每一章开始的部分首先介绍该机械的工作原理，再用 SolidWorks 进行零件三维造型、装配，然后转到 COSMOSMotion，装配约束将自动转化为仿真模型的约束，添加必要的驱动力、工作阻力以及 COSMOSMotion 特有的其他约束，建立仿真模型，就可以模拟机械运行状况，对机器进行运动和动力分析。仿真结果可以用动画、图形、数据等多种形式输出，为创新设计、缩短产品设计周期、节约产品成本，提供了一种切实有效的手段和方法。无论是对大学生、研究生的毕业设计、论文和课外科技活动，还是工程技术人员的产品设计、技术创新，本书的内容都将有所帮助。

本书所选择的分析实例均为机械设计中常见的机构或设备，各章相对独立，对建模、分析过程的每一个步骤均做了详细的讲解，力求使读者对书中每一过程都能弄懂并自己动手做出来。知识点分布在各章节中，前面章节介绍过的知识点，后面章节不一定再重复，对不熟悉 SolidWorks 和 COSMOSMotion 的读者，建议先学习前面几章，掌握必要的基础知识。

随书附赠的光盘给出了书中所有实例的模型与分析结果，读者可以对其进行修改补充，得到自己需要的设计。录制了 AVI 格式的仿真视频，便于读者观察。

本书主要由张晋西、郭学琴、廖林清、郭建新编写，参加编写的还有冯文杰、邹继文、乔慧丽。

由于作者水平有限，疏漏和错误之处在所难免，恳请读者批评指正。作者电子邮箱：zjx2002cq@sina.com。

编　者

2006 年 12 月于重庆工学院

目 录

第1章 活塞式压气机运动模拟 ………………………………………………… 1

1.1 工作原理 ………………………………………………………………… 1

1.2 零件造型 ………………………………………………………………… 2

1.3 装配 ……………………………………………………………………… 7

1.4 仿真 …………………………………………………………………… 10

    1.4.1 添加约束 ……………………………………………………… 10

    1.4.2 添加驱动 ……………………………………………………… 12

    1.4.3 添加工作阻力 ………………………………………………… 12

    1.4.4 设置仿真选项 ………………………………………………… 14

    1.4.5 仿真结果分析 ………………………………………………… 15

第2章 牛头刨床机构运动分析 ………………………………………………… 17

2.1 工作原理 ……………………………………………………………… 17

2.2 零件造型 ……………………………………………………………… 17

2.3 装配 …………………………………………………………………… 19

2.4 仿真 …………………………………………………………………… 22

    2.4.1 添加约束 ……………………………………………………… 23

    2.4.2 添加驱动 ……………………………………………………… 23

    2.4.3 添加工作阻力 ………………………………………………… 24

    2.4.4 仿真结果分析 ………………………………………………… 27

第3章 凸轮机构造型与运动分析 ……………………………………………… 31

3.1 工作原理 ……………………………………………………………… 31

3.2 零件造型 ……………………………………………………………… 31

    3.2.1 Visual Basic 程序生成凸轮理论廓线坐标 ………………… 31

    3.2.2 凸轮三维实体造型 …………………………………………… 35

    3.2.3 滚子、摆杆和机架造型 ……………………………………… 36

3.3 装配 …………………………………………………………………… 37

3.4 仿真 …………………………………………………………………… 39

3.4.1 仿真设置 ··· 39

3.4.2 曲线碰撞运动仿真 ··· 40

3.4.3 3D 碰撞接触状态动力学仿真与分析 ···························· 41

第 4 章 齿轮造型与传动模拟 ··· 44

4.1 工作原理 ·· 44

4.2 VBA 程序生成齿轮廓线 ··· 45

4.3 斜齿轮造型 ·· 50

4.4 Visual Basic 二次开发 SolidWorks 简述 ························· 51

4.5 装配 ·· 52

4.6 模拟仿真 ·· 53

4.6.1 三维碰撞接触状态模拟 ·· 53

4.6.2 耦合运动模拟 ··· 55

第 5 章 离心调速器虚拟样机 ··· 56

5.1 工作原理 ·· 56

5.2 零件造型 ·· 57

5.3 装配 ·· 60

5.4 仿真 ·· 62

5.4.1 添加弹簧和阻尼 ··· 62

5.4.2 添加约束与驱动 ··· 62

5.4.3 仿真比较和分析 ··· 63

第 6 章 连杆机构轨迹 ·· 66

6.1 工作原理 ·· 66

6.2 零件造型 ·· 67

6.3 装配 ·· 68

6.4 轨迹与运动参数显示 ·· 68

6.4.1 轨迹显示 ··· 68

6.4.2 运动参数显示 ··· 70

第 7 章 带传动模拟 ··· 73

7.1 工作原理 ·· 73

7.2 装配布局草图 ·· 74

7.3 平带零件造型 ·· 75

7.3.1 平带轮 ·· 75

7.3.2 平带 ··· 76

7.4 形状自动相关模拟 ··· 77

7.5 三角带零件造型 ·· 78

7.5.1 三角带轮 ·· 78

7.5.2 三角带 ·· 79

7.6 仿真 ·· 79

7.6.1 添加约束和运动 ·· 79

7.6.2 添加耦合 ·· 80

7.6.3 运动仿真模拟 ··· 80

第8章 机械式转速表 ··· 82

8.1 工作原理 ·· 82

8.2 零件造型 ·· 82

8.3 装配 ·· 86

8.4 仿真 ·· 87

8.4.1 添加弹簧和阻尼 ·· 87

8.4.2 添加约束与驱动 ·· 88

8.4.3 仿真分析 ·· 89

第9章 超越离合器模拟 ··· 91

9.1 工作原理 ·· 91

9.2 零件造型 ·· 91

9.3 装配 ·· 93

9.4 仿真 ·· 94

9.4.1 添加碰撞 ·· 94

9.4.2 添加弹簧 ·· 95

9.4.3 单向转动 ·· 95

9.4.4 反向空转 ·· 96

9.4.5 超越转动 ·· 97

第10章 夹紧机构模拟 ··· 98

10.1 工作原理 ·· 98

10.2 零件造型 ·· 98

10.3 装配 ·· 99

10.4 仿真设置 ·· 100

10.4.1 添加弹簧和阻尼 ·· 100

10.4.2 添加作用力 ·· 101

10.4.3 添加碰撞 ·· 101

10.5 夹持力模拟 ··· 102

10.5.1　夹持力模拟 ·· 102

10.5.2　改变零件尺寸再次模拟 ······························ 102

第 11 章　周转轮系运动模拟 ···································· 104

11.1　工作原理 ·· 104

11.2　零件造型 ·· 104

11.2.1　外齿轮造型 ·· 104

11.2.2　内齿轮造型 ·· 106

11.3　装配 ·· 107

11.4　模拟仿真 ·· 108

11.4.1　一个自由度行星轮系模拟 ···························· 108

11.4.2　两个自由度差动轮系模拟 ···························· 110

11.4.3　两个自由度耦合运动模拟 ···························· 111

第 12 章　门开关机构模拟 ·· 114

12.1　工作原理 ·· 114

12.2　零件造型 ·· 115

12.3　装配 ·· 119

12.3.1　装配门框 ·· 119

12.3.2　装配门 ·· 119

12.3.3　总装配 ·· 120

12.4　仿真 ·· 121

12.4.1　设置材质 ·· 121

12.4.2　添加弹簧和阻尼 ···································· 121

12.4.3　影响门开闭因素分析 ································ 122

第 13 章　汽车转向机构模拟 ······································ 124

13.1　工作原理 ·· 124

13.2　零件造型 ·· 124

13.2.1　杆类零件及车轮 ···································· 124

13.2.2　左右梯形臂 ·· 126

13.2.3　方向盘 ·· 127

13.3　装配 ·· 128

13.4　仿真 ·· 129

13.4.1　添加转动——移动耦合 ······························ 129

13.4.2　设置转动函数 ······································ 129

13.4.3　转向仿真分析 ······································ 130

第 14 章 汽车行驶模拟 ···132

14.1 工作原理 ···132

14.2 零件造型 ···132

14.3 装配 ···133

    14.3.1 车身与转向机构配合 ···134

    14.3.2 其余配合 ···134

14.4 仿真 ···135

    14.4.1 后轮驱动 ···136

    14.4.2 设置 3D 碰撞 ··136

    14.4.3 仿真模拟 ···136

第 15 章 轴承运转仿真 ···138

15.1 工作原理 ···138

15.2 零件造型 ···138

15.3 装配 ···142

15.4 仿真 ···143

    15.4.1 添加碰撞 ···143

    15.4.2 设置作用力 ···144

    15.4.3 设置运动 ···144

    15.4.4 仿真 ···145

第 16 章 万向联轴器运转仿真 ···147

16.1 工作原理 ···147

16.2 零件造型 ···147

16.3 装配 ···150

16.4 仿真 ···151

    16.4.1 约束与运动设置 ···151

    16.4.2 单万向联轴器仿真 ···151

    16.4.3 理论值与仿真值比较 ···152

    16.4.4 运转时夹角改变仿真 ···153

    16.4.5 双万向联轴器仿真 ···153

第 17 章 冲床仿真模拟 ···155

17.1 工作原理 ···155

17.2 零件造型 ···155

17.3 装配 ···159

17.4 仿真 ···159

17.4.1　运动与冲击设置 ·· 159

17.4.2　仿真模拟 ··· 161

第 18 章　机械手运动仿真 ··· 162

18.1　工作原理 ·· 162

18.2　零件造型 ·· 163

18.3　装配 ··· 164

18.4　仿真 ··· 165

18.4.1　运动设置 ·· 165

18.4.2　仿真 ·· 167

18.4.3　机械手与冲床联合仿真 ·· 168

第 19 章　电影放映机送片机构模拟 ····································· 172

19.1　工作原理 ·· 172

19.2　零件造型 ·· 173

19.3　装配 ··· 174

19.3.1　销轮和槽轮造型与装配 ·· 175

19.3.2　总体装配 ·· 177

19.4　仿真 ··· 178

19.4.1　添加运动 ·· 178

19.4.2　添加碰撞 ·· 180

第 20 章　飞机起落架工作模拟 ··· 182

20.1　工作原理 ·· 182

20.2　零件造型 ·· 183

20.3　装配 ··· 186

20.4　仿真 ··· 188

20.4.1　运动设置 ·· 188

20.4.2　仿真模拟 ·· 189

第 21 章　传送带运转模拟 ··· 191

21.1　工作原理 ·· 191

21.2　零件造型 ·· 191

21.3　装配 ··· 194

21.4　仿真 ··· 195

21.4.1　添加点-曲线碰撞 ·· 195

21.4.2　设置作用/反作用力 ·· 195

21.4.3　设置单作用力 ··· 196

21.4.4 仿真 ·· 197

第 22 章 剪式升降平台 ······································ 199

22.1 工作原理 ··· 199

22.2 零件造型 ··· 200

22.3 装配 ··· 205

22.4 仿真 ··· 207

22.4.1 添加运动 ·· 208

22.4.2 仿真模拟 ·· 208

第 23 章 Ⅲ级机构运动和力分析 ······························ 210

23.1 工作原理 ··· 210

23.2 零件造型 ··· 211

23.3 装配 ··· 213

23.4 仿真 ··· 214

23.4.1 运动设置 ·· 214

23.4.2 仿真 ·· 214

第 24 章 空间 RSSR 机构运动分析 ··························· 218

24.1 工作原理 ··· 218

24.2 零件造型 ··· 218

24.3 装配 ··· 221

24.4 仿真 ··· 223

24.4.1 添加球副和运动 ···································· 223

24.4.2 运动规律仿真 ······································ 224

24.4.3 连杆轨迹曲线仿真 ·································· 227

第 25 章 钟表运转模拟 ······································ 229

25.1 工作原理 ··· 229

25.2 零件造型 ··· 229

25.3 装配 ··· 233

25.4 仿真 ··· 236

25.4.1 设置运动 ·· 236

25.4.2 设置耦合约束 ······································ 236

25.4.3 运转仿真 ·· 238

第 26 章 搅拌机机构模拟 ···································· 239

26.1 工作原理 ··· 239

26.2　零件造型 ……………………………………………………………………… 239

26.3　装配 …………………………………………………………………………… 241

26.4　仿真 …………………………………………………………………………… 242

　26.4.1　设置运动 ………………………………………………………………… 242

　26.4.2　轨迹显示 ………………………………………………………………… 243

　26.4.3　修改设计 ………………………………………………………………… 244

活塞式压气机运动模拟

本章介绍活塞式压气机的造型及仿真模拟。通过压气机主要零件曲柄、活塞、连杆、销轴和机座的造型，可以掌握 SolidWorks 的草图绘制、特征造型、基准轴、基准面、零件装配等基础知识。装配图完成后，直接用 COSMOSMotion 进行汽缸运动状况模拟仿真，得到在自定义活塞推力时，活塞的位置、速度、加速度，以及曲柄的运动力矩等参数随时间变化的曲线。

1.1 工作原理

活塞式压气机是一种将机械能转化为气体势能的机械，机构简图如图 1.1 所示。电机通过皮带带动曲柄转动，由连杆推动活塞移动，压缩汽缸内的空气达到需要的压力。曲柄旋转一周，活塞往复移动一次，压气机的工作过程可分为吸气、压缩、排气三步。表1-1 为活塞运转一个周期，压气机的工作过程及其对应的机构所处位置和受力数据。

表1-1   活塞运转数据

曲柄位置（°）	0	15	150	180	210	240	255	270	285	300	330	360
仿真时间（s）	0	0.08	0.42	0.5	0.58	0.67	0.71	0.75	0.79	0.83	0.92	1
活塞受力（N）	0	0	0	200	1020	2850	4610	7650	9600	9600	9600	0
工作过程	吸气			压缩						排气		

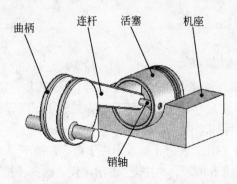

图　1.1

1.2 零件造型

活塞式压气机汽缸的零件组成比较复杂，在不影响仿真的前提下，只对其主要零件进行造型，包括曲柄、连杆、销轴、活塞和机座。

1. 曲柄

运行 SolidWorks，选择【文件】/【新建】/【零件】命令，建立一个新文件，以文件名"曲柄"存盘。右击 FeatureManager 设计树中的【材质】，选择【编辑材料】命令，如图 1.2 所示。设置零件的材质，选用"普通碳钢"，单击确定按钮 ✅ 。

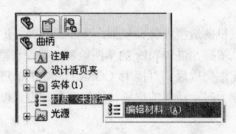

图 1.2

选择【插入】/【草图绘制】命令，选择【前视基准面】，绘制一个圆，用智能尺寸按钮 ✅ 标注圆的直径，如图 1.3 所示，单击 ⤵ 退出草图。

选择【插入】/【凸台/基体】/【拉伸】命令，拉伸草图，拉伸距离为 5.00mm，如图 1.4 所示。

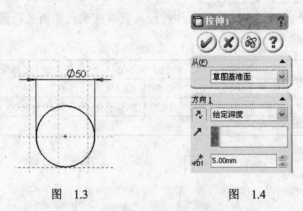

图 1.3　　　　　　　　　图 1.4

在圆柱体端面上右击，选择【插入草图】命令，按下 ⚓，正视于草图，绘制圆，标注尺寸直径为 10mm，标注尺寸如图 1.5 所示，单击 ⤵ 退出草图。选择【插入】/【凸台/基体】/【拉伸】命令，拉伸草图，拉伸距离为 20.00mm。

在圆柱体另一端面上右击，选择【插入草图】命令，按下 ⚓，正视于草图，绘制圆，标注尺寸，标注尺寸如图 1.6 所示，单击 ⤵ 退出草图。选择【插入】/【凸台/基体】/【拉伸】命令，拉伸草图，拉伸距离为 5.00mm。

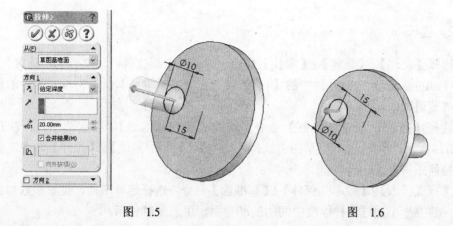

图 1.5   图 1.6

选择【插入】/【特征】/【圆角】命令，将各边倒圆角，如图 1.7 所示。

选择【插入】/【参考几何体】/【基准面】命令，以拉伸距离为 5.00mm 的特征创建一个基准面 1，如图 1.8 所示。

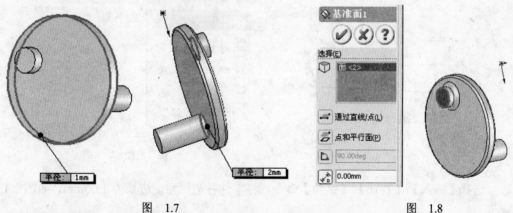

图 1.7   图 1.8

选择【插入】/【阵列/镜像】/【镜像】命令，选择基准面 1 作为镜像面，镜像对象选择【要镜像的实体】，选择整个已经完成造型的实体，如图 1.9 所示，单击确定按钮，得到曲柄造型，如图 1.10 所示。

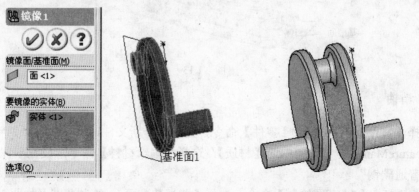

图 1.9   图 1.10

2. 连杆

选择【文件】/【新建】/【零件】命令，建立一个新文件，以文件名"连杆"存盘。右击 FeatureManager 设计树中的【材质】，选择【编辑材料】命令，设置零件的材质，选用"普通碳钢"。

选择【插入】/【草图绘制】命令，选择【前视基准面】，绘制草图，标注尺寸如图 1.11 所示，单击 ✍ 退出草图。选择【插入】/【凸台/基体】/【拉伸】命令，拉伸草图，拉伸距离为 5.00mm。

选择【插入】/【参考几何体】/【基准面】命令，选择连杆端面，设置参数如图 1.12 所示，建立一个通过连杆厚度中间的基准平面，供装配时使用。

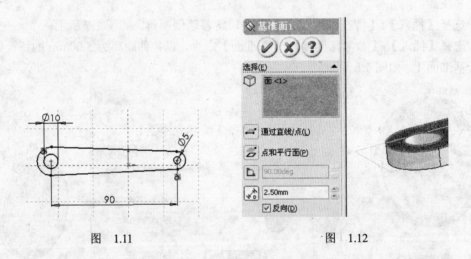

图 1.11　　　　　　　　　　　　　　　图 1.12

选择【插入】/【特征】/【倒角】命令，将零件各边倒角，边长为 1.00mm，如图 1.13 所示。

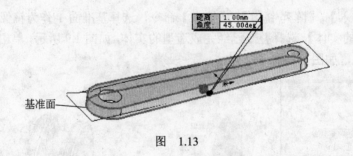

图 1.13

3. 销轴

选择【文件】/【新建】/【零件】命令，建立一个新文件，以文件名"销轴"存盘。右击 FeatureManager 设计树中的【材质】，选择【编辑材料】命令，设置零件的材质，选用"普通碳钢"。

选择【插入】/【草图绘制】命令，选择【前视基准面】，绘制草图，如图 1.14 所示，单击![退出草图图标]退出草图。选择【插入】/【凸台/基体】/【拉伸】命令，拉伸草图，拉伸距离为38.00mm。

选择【插入】/【参考几何体】/【基准面】命令，选择销轴端面，设置如图 1.15 所示，建立通过销轴长度中间的基准平面，供装配时使用，如图 1.16 所示。

图　1.14　　　　　　　图　1.15　　　　　　　图　1.16

4. 活塞

选择【文件】/【新建】/【零件】命令，建立一个新文件，以文件名"活塞"存盘。右击 FeatureManager 设计树中的【材质】，选择【编辑材料】命令，设置零件的材质，选用"普通碳钢"。

选择【插入】/【草图绘制】命令，选择【前视基准面】，绘制一个圆，直径为 40.00mm。单击![退出草图图标]退出草图，选择【插入】/【凸台/基体】/【拉伸】命令，拉伸距离为 40.00mm，得到一圆柱体。

选择【插入】/【特征】/【抽壳】命令，选择圆柱体端面，抽壳壁厚填写 3，如图 1.17 所示。

图　1.17

选择【插入】/【参考几何体】/【基准轴】命令，选择圆柱面，建立通过圆柱轴线的基准轴 1。

选择【插入】/【参考几何体】/【基准面】命令，再在图 1.18 中选择"基准轴 1"和"上视基准面"，建立通过圆柱轴线的基准面 1。右击该基准面边框，选择【插入草图】命令，按下![图标]，正视于草图，在草图上绘制一个圆，如图 1.19 所示，单击![退出草图图标]退出草图。

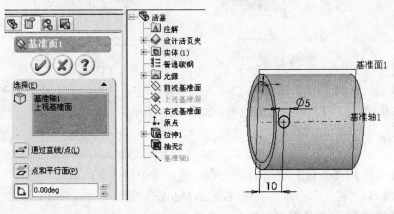

图　1.18　　　　　　　　　　　　图　1.19

选择【插入】/【切除】/【拉伸】命令，参数设置如图 1.20 所示。

再次右击基准面 1 边框，选择【插入草图】命令，按下 ↨ ，正视于草图，在该草图上绘制一个矩形，标注尺寸，如图 1.21 所示，单击 ❷ 退出草图。

选择【插入】/【切除】/【旋转】命令，选择基准轴作为旋转轴，在活塞上环切除一个槽，如图 1.22 所示，单击 ❷ 退出草图。

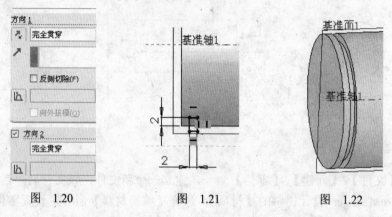

图　1.20　　　　　图　1.21　　　　　图　1.22

选择【插入】/【阵列/镜像】/【线性阵列】命令，选择环切槽特征作为阵列对象，如图 1.23 所示。选择基准轴作为阵列方向，填写阵列参数，如图 1.24 所示。

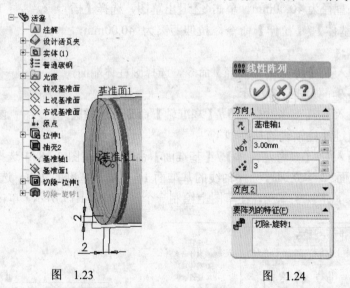

图　1.23　　　　　　　　　图　1.24

选择【插入】/【特征】/【圆角】命令，将各外边倒圆角，半径 0.50mm，得到零件活塞造型，如图 1.25 所示。

5. 机座

选择【文件】/【新建】/【零件】命令，建立一个新文件，以文件名"机座"存盘。右击 FeatureManager 设计树中的【材质】，选择【编辑材料】命令，设置零件的

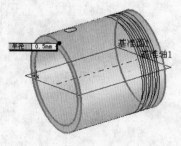

图　1.25

材质，选用"普通碳钢"。

选择【插入】/【草图绘制】命令，选择【前视基准面】，绘制草图，如图 1.26 所示，单击 退出草图。

选择【插入】/【凸台/基体】/【拉伸】命令，拉伸草图，拉伸距离为 50.00mm，得到机座造型，如图 1.27 所示。

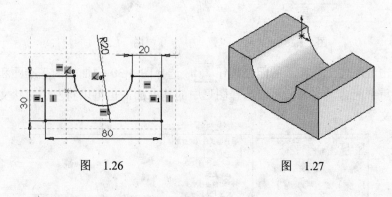

图　1.26　　　　　　　　　　　　　图　1.27

1.3　装　配

选择【文件】/【新建】/【装配体】命令，建立一个新装配体文件，以文件名"活塞式压气机装配体"保存该文件。单击装配体工具栏上的插入零部件按钮 ，或选择【插入】/【零部件】/【现有零件/装配体】命令，在左边 PropertyManager 对话框中将出现以前保存的文件，也可以单击 浏览(B)... 按钮，如图 1.28 所示，在存放本章零件的文件夹中选择要装配的零件。如果工具栏上没有出现按钮 ，右击工具栏任意位置，在出现的菜单中选中【装配体】。

1．曲柄与连杆装配

首先将前面完成的零件"曲柄"添加进来。再次单击装配体工具栏上的插入零部件按钮 ，在左边 PropertyManager 对话框中单击 浏览(B)... 按钮，将前面完成的零件"连杆"添加进来。

单击视图工具栏上的局部放大按钮 ，将零件放大，为了便于装配，可以用工具栏上的 移动零部件，用 旋转零部件来调节零部件的位置，以便于装配。单击装配体工具栏上的配合按钮 ，在 PropertyManager 的配合选择下，分别选择曲柄轴面和连杆的孔面，如图 1.29 所示，出现配合弹出工具栏 ，这里自动识别的默认配合为同心配合，零部件将移动到位，预览配合。选择配合弹出工具栏上的 ，确认配合。

若已经安装 COSMOSMotion，配合的时候会出现"自动设置新零件为静止或运动部件"的提示，这里回答"是"或"否"都可以，只需要在装配完毕后，在 COSMOSMotion 中再次确认、修改静止或运动部件即可。

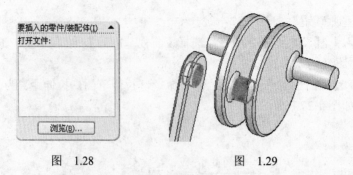

图 1.28　　　　　　　　　　　图 1.29

再次单击装配体工具栏上的配合按钮 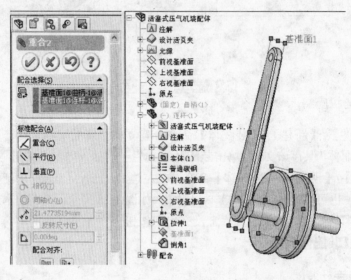，选择图 1.30 中曲柄的基准面和连杆的基准面，进行重合配合。这里，可以选择图形中的基准面，也可以将左边树状文字展开，用鼠标选择文字。

图　1.30

2. 连杆与销轴装配

选择工具栏上的，单击 浏览(B)... 按钮，从文件夹中添加零件"销轴"，选择工具栏上的配合按钮，然后选中连杆上的孔和销轴的表面，进行同心配合，单击弹出工具栏上的，确定配合。再次选择工具栏上的配合按钮，单击绘图区左边文字"活塞式压气机装配体"前面的"+"号，将其展开，分别选择连杆和销轴的基准平面，完成重合配合，从而使连杆与销轴在中间位置对齐装配，如图 1.31 所示。

3. 销轴与活塞装配

选择工具栏上的，单击 浏览(B)... 按钮，从文件夹中添加零件"活塞"，选择工具栏上的配合按钮，然后选中活塞的孔和销轴的表面，进行同心配合，单击弹出工具栏上的，确定配合。再次选择工具栏上的配合按钮，单击绘图区左边文字"活塞式压气机装配体"前面的"+"号，将其展开，分别选择活塞和销轴的基准平面，完成重合配合，使活塞和销轴在中间位置装配，如图 1.32 所示。

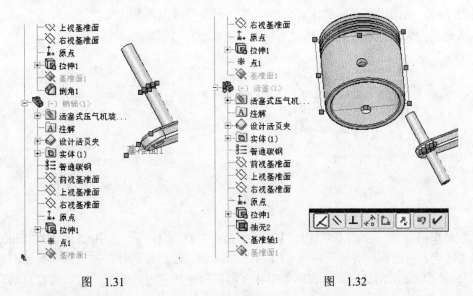

图　1.31　　　　　　　　　　　图　1.32

4．活塞与机座装配

选择工具栏上的 <kbd></kbd>，单击 <kbd>浏览(B)...</kbd> 按钮，从文件夹中添加零件"机座"，选择工具栏上的配合按钮 <kbd></kbd>，分别选择活塞圆柱体表面与机座圆柱体表面，完成重合配合。单击弹出工具栏上的 <kbd>✓</kbd>，再次选择工具栏上的配合按钮 <kbd></kbd>，单击绘图区左边文字"活塞式压气机装配体"前面的"+"号，将其展开，分别选择活塞的"上视基准面"与机座的"上视基准面"，按下垂直按钮 <kbd>⊥</kbd>，使机座水平放置，如图 1.33 所示。

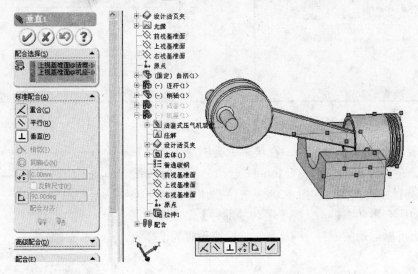

图　1.33

5．初始位置的确定

为了使压气机的初始位置在 0 度，要把曲柄转动中心和连杆安置在同一水平线上。

在设计树中，右击"曲柄"，在出现的菜单中选择【浮动】，如图 1.34 所示，使固定的曲柄成为浮动，然后调节曲柄和连杆的位置在同一水平线上，如图 1.35 所示。

至此，完成了零件的装配图。

图 1.34   图 1.35

1.4 仿　真

在装配图界面，选择【工具】/【插件】命令，在图 1.36 中选中 COSMOSMotion，单击【确定】按钮，启动仿真软件 COSMOSMotion。该步骤进行一次之后，只要不取消图 1.36 中 COSMOSMotion 复选框选中状态，以后每次在进入装配图时，均会自动启动 COSMOSMotion。

COSMOSMotion 启动时，出现图 1.37 所示对话框，单击【是】按钮，自动判断设置零部件为运动或静止，并把装配中的约束自动映射为 COSMOSMotion 中的运动副。无论单击【是】或【否】按钮，后面均应该再次确认设置每个零部件为运动或静止。

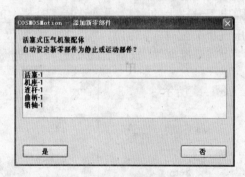

图 1.36   图 1.37

COSMOSMotion 安装后，在菜单中会出现【运动】菜单项，在设计树上面出现 Motion 运动分析图标按钮，选择该图标按钮，在图 1.38 中按住 Ctrl 键，选择除机座外的所有零件右击，选择【运动零部件】命令，将它们设置为可以运动的零件，同样地，将机座设置为【静止零部件】。

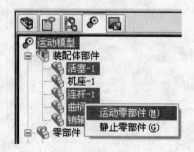

1.4.1 添加约束

图 1.38

在运动分析之前，必须用各种运动副，如旋转副、移动副、球面副等将各零件连接起来。装配时添加的各种配合将自动映射为运动分析的约束，如图 1.39 所示。同时，在绘图区，各约束的图标符号也将显示出来，如图 1.40 所示。

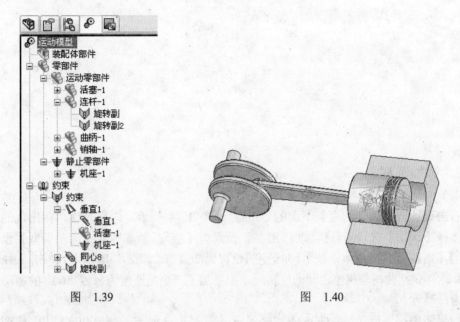

图　1.39　　　　　　　　　　　　　　　　图　1.40

SolidWorks 装配时添加的约束种类，不如 COSMOSMotion 中的多，在装配时没有添加的约束，则需要在这里补上。

右击设计树中【零部件】下面的【曲柄–1】，如图 1.41 所示，选择【添加约束】/【旋转副】命令，出现图 1.42 所示的对话框，单击【选择第二个部件】栏，然后选择机座；单击【选择位置】栏，用鼠标选择曲柄轴的圆周，即选择曲柄轴的圆心作为旋转副的位置，如图 1.43 所示，单击 按钮。

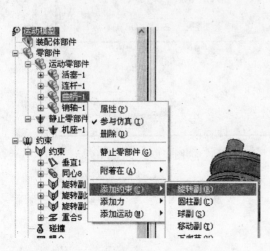

图　1.41

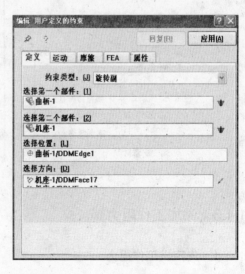

图　1.42

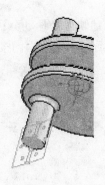

图 1.43

1.4.2 添加驱动

右击设计树中的【约束】下面的 Joint，如图 1.44 所示，选择属性，在出现的对话框中选择【运动】选项卡，【运动作用在】设置为【绕 Z 轴旋转】，【运动类型】设置为【速度】，【函数】设置为【恒定值】，【角速度】设置为 360° /s，如图 1.45 所示，单击 应用(A) 按钮。这样就把曲柄与机座之间的旋转运动副添加了一个角速度为每秒 360° 的驱动，曲柄成为原动件。

如果要去掉该运动，在 COSMOSMotion 工具栏上选择 圙，删除仿真结果，将图 1.45 中【运动类型】设置为【自由运动】，单击 应用(A) 按钮即可。

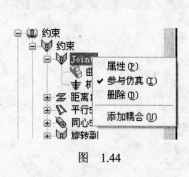

图 1.44

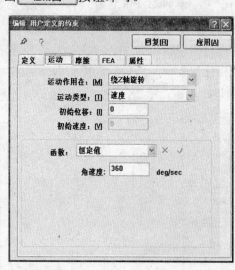

图 1.45

1.4.3 添加工作阻力

1. 先定义工作阻力

右击设计树中的【力】下面的【单作用力】，如图 1.46 所示，选择【添加单作用力】

命令，在出现的对话框中选择【定义】选项卡，如图 1.47 所示。单击活塞（受力部件）、机座（参考部件）、活塞端面的圆周（受力位置），按下【选择方向】右边的 ，可以改变作用力的方向，同时图 1.48 中的力的作用方向图标（图中向左的箭头）将做出相应的改变。

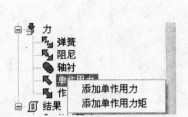

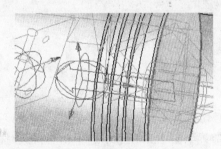

图　1.46　　　　　　　　　　　　　　图　1.47

图　1.48

2. 设置工作阻力的值

新建立一个 Word 文件，在文件中输入数据：

0	0
0.08	0
0.42	0
0.50	200
0.58	1020
0.67	2850
0.71	4610
0.75	7650
0.79	9600
0.83	9600
0.92	9600
1	0

第一列为表 1-1 中的仿真时间，第二列为表 1-1 中活塞推力。在 Word 中，选择【文件】/【另存为】/【文件格式】命令，选择纯文本格式，保存文件，文件名可以取为"活塞推力"。

如图 1.49 所示，选择【函数】选项卡，力类型【函数】设置为【样条线】，样条线坐标数据选择【从文件加载】，选择纯文本格式文件"活塞推力"，单击 应用(A) 按钮，将样条曲线的坐标引入。

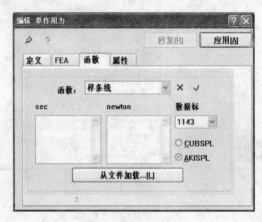

图　1.49

1.4.4　设置仿真选项

在 COSMOSMotion 工具栏上按下 ，设置仿真选项，该选项可以设置仿真时间、是否施加重力、动画快慢等，如图 1.50 所示。这里仿真持续时间设置为 1s，其他参数均采用默认设置值。

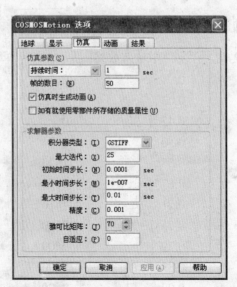

图　1.50

1.4.5 仿真结果分析

通过仿真，可以得到在自定义活塞推力时，活塞的位置、速度、加速度，以及曲柄做匀速运动需要的平衡力矩等参数。

在 COSMOSMotion 工具栏上按下 🔲，进行仿真。仿真自动计算完毕后，在界面左边的 Motion 管理栏中，在【单作用力】下面的 ForceA0 上右击，选择【绘制曲线】/【反作用力】/【X 轴分量】命令，如图 1.51 所示，显示根据文件"活塞推力"上的点插值得到的样条曲线，如图 1.52 所示。横坐标为运行时间，纵坐标为活塞上的推力，该推力是汽缸内压力与活塞端面面积的乘积。只要修改文件"活塞推力"，就可以得到不同气压下的活塞受力曲线。右击坐标轴，可以修改坐标轴上显示的文字的大小等属性。

图 1.51   图 1.52

在界面左边选择 🐾，在【零部件】/【运动零部件】下面的【活塞】上右击，选择【绘制曲线】命令，如图 1.53 所示，分别绘制活塞质心位置、速度、加速度曲线，横坐标均为运行时间，如图 1.54～图 1.56 所示，位置、速度、加速度曲线是导数关系。从图 1.56 可以看出，启动和停止的时候，加速度比较大，将引起较大的附加动压力。

在界面左边选择 🐾，在【约束】下面的 Joint 上右击，选择【绘制曲线】/【旋转运动驱动】/【力矩 Z】命令，绘制曲柄上的旋转运动驱动力矩，如图 1.57 所示，从图中可以看出，要保持曲柄匀速运动，曲柄上的平衡驱动力矩是一个随时间变化比较大的力矩，反之，加上恒定的力矩，将使速度不能保持恒定。

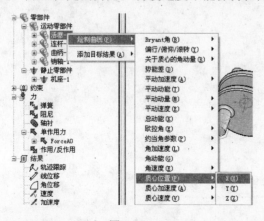

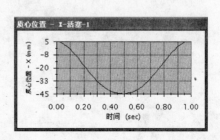

图 1.53   图 1.54

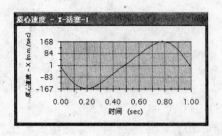

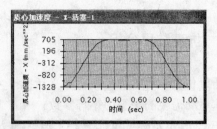

图 1.55　　　　　　　　　　　　　　　　图 1.56

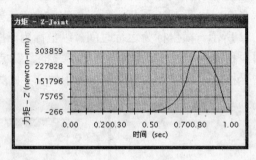

图 1.57

第**2**章

牛头刨床机构运动分析

牛头刨床是一种用于平面切削加工的机床，本章进行牛头刨床的造型及仿真模拟，介绍如何模拟刨头往复运动，添加多段力函数，分析刨头的位置、速度、加速度，获得机构的行程速比系数，以及各运动副中的作用力等。

2.1 工 作 原 理

牛头刨床连杆机构简图如图 2.1 所示，当曲柄 OA 逆时针旋转，经过套筒 A，导杆 BD、连 BC 带动刨头（简化为套筒 C）在机架 EF 上往复移动，刨头向右运动时为工作行程，切削金属，速度较低；向左运动时为空回行程，具有较高速度，实现快速返回。

设计数据如下：

曲柄 OA 转速 n=50r/min（转/分），工作阻力 F=7000N。

各杆长度：OA=100mm，BD=520mm，BC=120mm，EF=550mm，OD=350mm。

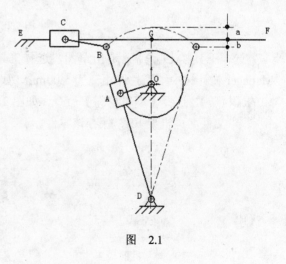

图 2.1

2.2 零 件 造 型

1. 机架

运行 SolidWorks，选择【文件】/【新建】/【零件】命令，建立一个新零件文件，选择【插入】/【草图绘制】命令，选择【前视基准面】，绘制图 2.2 所示的草图，其中水平杆中间的构造线用工具栏上的 [直线] 绘制，然后选中 FeatureManager 设计树中的【作为构造线】复选框，将该直线转换成图中形式的构造线。

草图绘制完毕后，选择工具栏上智能尺寸按钮 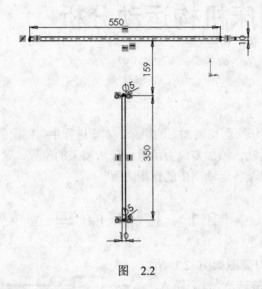 标注各尺寸。其中尺寸标注 159 为图 2.1 中的 OG，是根据几何关系推导得出。在图 2.1 中，为了使机构具有较好的力学性能，设计时取 a=b，根据相似三角形性质和勾股定理，可以得到：

$$OG=BD–OD–(BD–(BD^2–((OA/OD)×BD)^2)^{1/2})/2=520–350–(520–(520^2–((100/350)×520)^2)^{1/2})/2=159 \text{ mm}$$

图 2.2

选择工具栏上 ，退出草图，选择工具栏上 ，拉伸草图轮廓，在 Feature-Manager 设计树中填写拉伸距离为 5.00mm，如图 2.3 所示。右击 FeatureManager 设计树中的【材质】，选择【编辑材料】命令，如图 2.4 所示，设置零件的材质，选用"普通碳钢"。以文件名"机架 EF"保存该零件。

图 2.3   图 2.4

2. 杆

打开一个新零件文件，按照图 2.5 中的尺寸绘制草图，退出草图，与前面绘制机架类似，拉伸厚度为 5mm，材质选用"普通碳钢"。以文件名"曲柄 OA"保存该零件。

选择【文件】/【另存为】命令，将"曲柄 OA"另存为"导杆 BD"，右击 FeatureManager 设计树中的【草图】，选择【编辑草图】命令，如图 2.6 所示。修改曲柄长度，将草图尺寸 100 改为 BD 的长度 520，其他不变，退出草图后，保存文件，就得到了零件导杆 BD。用同样方法，可以很快得到连杆 BC。

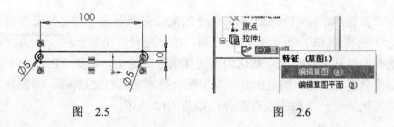

图 2.5 图 2.6

3. 套筒

新建一个零件文件，绘制草图，如图 2.7 所示，退出草图，拉伸，选取薄壁特征，参数设置如图 2.8 所示。生成拉伸体后，在表面绘制草图，如图 2.9 所示，选择【插入】/【切除】/【拉伸】命令，【方向 1】选择【完全贯穿】，切制一个贯穿孔，如图 2.10 所示。材质选用"普通碳钢"，以文件名"套筒"保存该零件。

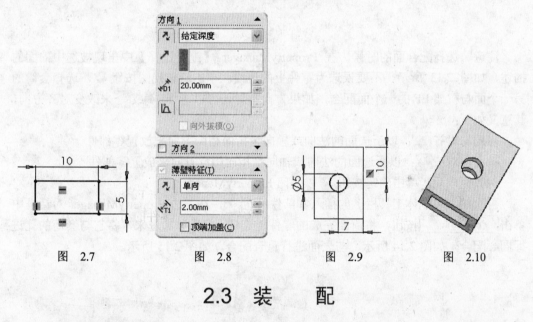

图 2.7 图 2.8 图 2.9 图 2.10

2.3 装 配

选择【文件】/【新建】/【装配体】命令，建立一个新装配体文件，单击装配体工具栏上的插入零部件按钮，或选择【插入】/【零部件】/【现有零件/装配体】命令，在左边 PropertyManager 对话框中将出现以前保存的文件，也可以单击 浏览(B)... 按钮，在存放本章零件的文件夹中选择要装配的零件。如果工具栏上没有出现，右击工具栏任意位置，在出现的菜单中选中【装配体】。以文件名"牛头刨床机构装配体"保存该文件。

首先将前面完成的零件"机架 EF"添加进来。

再一次单击装配体工具栏上的插入零部件按钮，在左边 PropertyManager 对话框中单击 浏览(B)... 按钮，将前面完成的零件"套筒"添加进来。

单击视图工具栏上的局部放大按钮，将套筒放大，为了便于装配，可以用工具栏上的移动零部件，用旋转零部件来调节零部件的位置以便于装配。单击装配体工

具栏上的配合按钮 ，在 PropertyManager 的配合选择下，分别选择套筒的一个面（如图 2.11 所示）与机架 EF 水平杆上的一个面，出现配合弹出工具栏 ，并有一被选择的默认配合，这里默认为所选择的套筒的面与机架 EF 的一个面相重合配合，且零部件会移动到位，预览配合。单击配合弹出工具栏上的 ，添加完成配合。同样完成套筒与机架另一个面的重合配合，如图 2.12 所示。

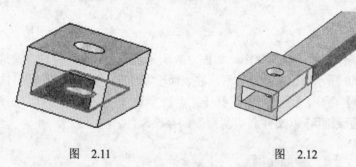

图 2.11   图 2.12

注意，选择配合面的时候，在 PropertyManager 【配合选择】中出现被选中的面的描述，如图 2.13 所示，不要误选为零件上的边线。单击旋转视图按钮 ，选择套筒的另一个面与机架 EF 的一个面配合，如果方向不对，可以选择 或 来改变对齐方向，其意义如下：

- 同向对齐 ：以所选面的法向或轴向量指向相同方向来放置零部件。
- 反向对齐 ：以所选面的法向或轴向量指向相反方向来放置零部件。

对齐完成后，单击确定按钮 以关闭 PropertyManager。

再次单击装配体工具栏上的插入零部件按钮 ，在左边 PropertyManager 对话框中单击 浏览(B)... 按钮，将前面完成的零件"连杆 BC"添加进来，将它与套筒的孔进行同心配合，如图 2.14 所示，与表面进行重合配合，如图 2.15 所示。

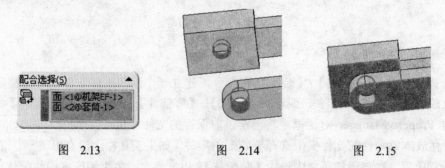

图 2.13   图 2.14   图 2.15

单击装配体工具栏上的插入零部件按钮 ，在左边 PropertyManager 对话框中单击 浏览(B)... 按钮，将前面完成的零件"导杆 BD"添加进来，将它与连杆 BC 的孔进行同心配合，如图 2.16 所示，与表面进行重合配合，如图 2.17 所示。

将导杆 BD 的另一端孔与机架 EF 的孔进行同心配合，如图 2.18 所示。

再次添加零件"套筒"，将它与导杆 BD 进行表面进行两次重合配合，如图 2.19 和图 2.20 所示。

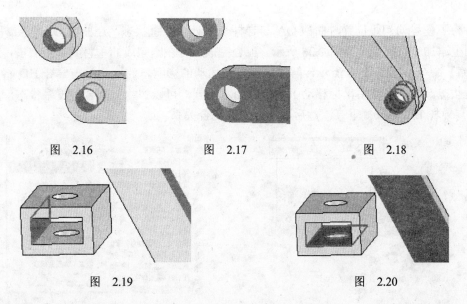

图　2.16　　　　　　　图　2.17　　　　　　　图　2.18

图　2.19　　　　　　　　　　　　　　图　2.20

如果配合完成后发现方向有错误，可以在刚完成的重合配合上单击右键，选择【替换配合实体】，如图 2.21 所示，在出现的对话框中选择配合的一个面，选择【反转配合对齐】，如图 2.22 所示，修改对齐方向。

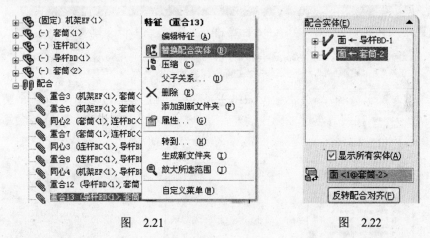

图　2.21　　　　　　　　　　　　　　图　2.22

添加零件"曲柄 OA"，将它与套筒的孔进行同心配合，如图 2.23 所示，表面进行重合配合，如图 2.24 所示。

将柄 AO 的另一端孔与机架 EF 的孔进行同心配合，如图 2.25 所示。

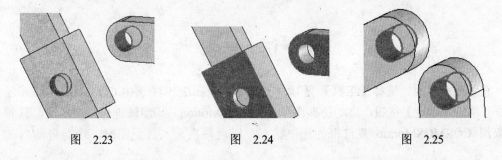

图　2.23　　　　　　　图　2.24　　　　　　　图　2.25

为了使运动初始位置时曲柄 OA 与导杆 BD 处于垂直状态,在曲柄 OA 与导杆 BD 的面上添加垂直配合,如图 2.26 所示。配合完成后,在刚完成的垂直配合上右击,选择【压缩】命令,如图 2.27 所示,解除该约束对运动的影响,曲柄 OA 与导杆 BD 将保持垂直状态。若不小心用鼠标移动了两构件相对位置,可以解除该配合的压缩状态,曲柄 OA 与导杆 BD 将恢复垂直,然后再次压缩该配合关系。

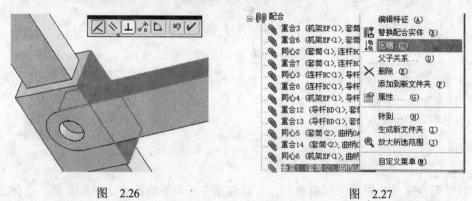

图 2.26　　　　　　　　　　　　　图 2.27

完成装配后的图形如图 2.28 所示。

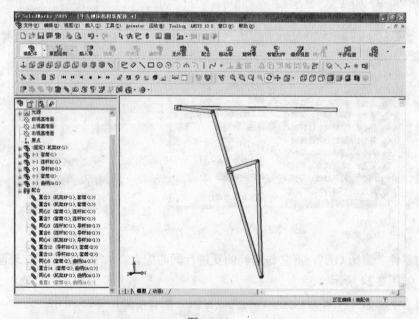

图 2.28

2.4　仿　　真

在装配图界面,选择【工具】/【插件】命令,在图 2.29 中选中 COSMOSMotion 复选框,单击【确定】按钮,启动仿真软件 COSMOSMotion。该步骤进行一次之后,只要不取消 COSMOSMotion 复选框的选中状态,以后每次进入装配图时,均会自动启动

COSMOSMotion。

COSMOSMotion 启动时，出现图 2.30 所示的对话框，单击【是】按钮，自动判断设置零部件为运动或静止，并把装配中的约束自动映射为 COSMOSMotion 中的运动副。无论单击【是】或【否】按钮，后面均应该再次确认设置每个零部件为运动或静止。

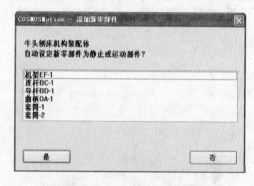

图　2.29　　　　　　　　　　　　　　　　　图　2.30

COSMOSMotion 安装后，在菜单中出现【运动】项，在设计树上面出现 Motion 运动分析图标 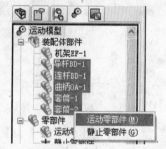，选择该图标，按住 Ctrl 键，在图 2.31 中用鼠标选择除机架 EF 外的所有零件，按下鼠标右键，选择【运动零部件】命令，将它们设置为可以运动的零件，类似地，将机架 EF 设置为【静止零部件】。

2.4.1　添加约束

在运动分析之前，必须用各种运动副，如旋转副、移动副、球面副等将各零件连接起来。装配时添加的零件之间的各种配合，将自动转化为运动分析的约束，如图 2.32 所示。同时，在绘图区，各约束的图标符号也将显示出来，如图 2.33 所示。

图　2.31

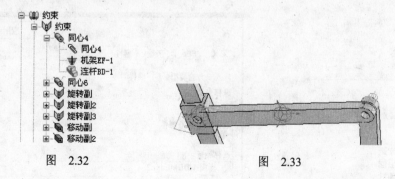

图　2.32　　　　　　　　　　　图　2.33

2.4.2　添加驱动

在设计树上面选择 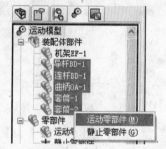，单击【约束】前面的+号，用鼠标选中每个运动副，被选的

运动副将在图形中改变颜色。这里，在曲柄 OA 和机架 EF 之间的同心圆柱运动副上添加驱动。如图 2.34 所示，右击【同心 6】，选择【属性】命令，填写数据如图 2.35 所示，这里由于曲柄 OA 的转速 n=50r/min，换算单位成[°]/s（度/秒），因此曲柄的角速度为 50×360/60=300°/s。单击 应用(A) 按钮，这样就在曲柄与机座之间的运动副添加了一个角速度为−300°/s 的驱动，负号使曲柄按顺时针方向转动。

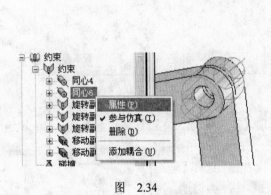

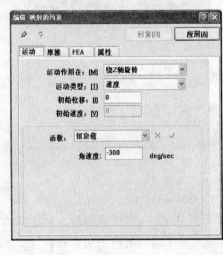

图 2.34　　　　　　　　　　　　　　　图 2.35

2.4.3　添加工作阻力

右击设计树中的【力】下面的【单作用力】，如图 2.36 所示，选择【添加单作用力】命令，在出现的对话框中选择【定义】选项卡，如图 2.37 所示。在【选择受力部件】栏，单击套筒；在【选择力的参考部件】栏，单击机架 EF；在【选择位置】栏，单击套筒端面；在【选择方向】栏，单击套筒的水平棱边。按下【选择方向】右边的 ，可以改变作用力的方向，同时图 2.38 中的力的箭头图标将做出相应的改变。

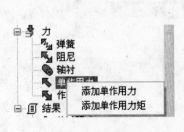

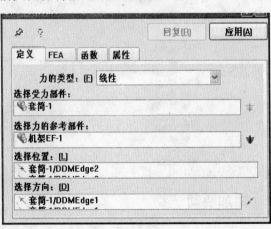

图 2.36　　　　　　　　　　　　　　　图 2.37

刨头在向右的工作行程中，在切削的前后段各有一段约 0.05H 的空刀距离，H 为刨头的行程，如图 2.39 所示。向左的空回行程没有切削阻力。

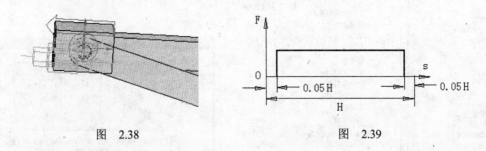

图　2.38　　　　　　　　　　　　　　　　　图　2.39

1. 确定刨头的行程 H

为了确定刨头的行程 H，先进行一次仿真。

仿真时间=曲柄转动角度/曲柄角速度

只模拟曲柄转动一周，曲柄转动角度 360°，曲柄角速度为 300°/s，因此仿真时间=360/300=1.2s。

选择工具栏上的 ![icon]，设置参数如图 2.40 所示，单击 ▢ 确定 ▢ 按钮。

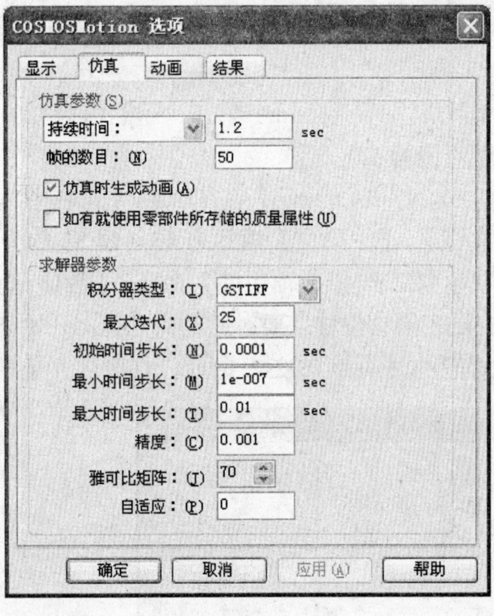

图　2.40

在 COSMOSMotion 工具栏上按下 ▣，进行仿真。仿真自动计算完毕后，右键选择【套筒–1】，绘制其质心 X 方向位置曲线，如图 2.41 所示，得到刨头的行程 H=22–(–275)=297mm。其中，刨头处于最右边位置时，其 X 坐标为 22，处于最左边位置时，其 X 坐标为–275，如图 2.42 所示。

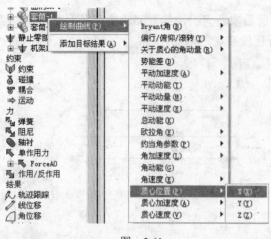

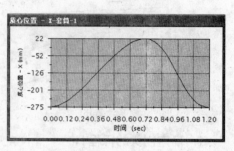

图 2.41   图 2.42

2. 工作阻力分段

工作阻力是多段函数，用 IF 函数来添加，IF 函数语法为：

```
IF(Expression1: Expression2，Expression3，Expression4)
```

如果表达式 Expression1 的值小于 0，IF 函数返回 Expression2；如果表达式 Expression1 的值等于 0，返回 Expression3；如果表达式 Expression1 的值大于 0，返回 Expression4。

例如，IF(time−2.5:0, 0.5，1)，当 time < 2.5，返回值为 0.0；当 time = 2.5，返回值为 0.5；当 time > 2.5，返回值为 1.0。

在本例中，0.05H=0.05×297=14.85mm，在图 2.42 中，右击纵坐标的数据区域，选择【轴属性】命令，【数值范围】/【主单位】填写为 15（14.85 约为 15），如图 2.43 所示。同样，右击横坐标的数据区域，选择【轴属性】命令，【数值范围】/【主单位】填写为 0.05。如图 2.44 所示，15mm 刨头位移需要时间约为 0.1s。开始切削时，时间为 0.1s，刨头处于最右边位置时，对应的时间为 0.72s，因此，切削停止的时间为 0.72−0.1=0.62s。

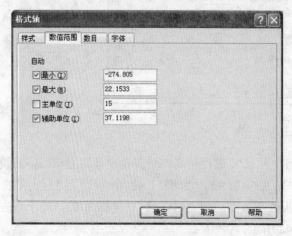

图 2.43   图 2.44

工作阻力 F=7000N，仿真时间 1.2s，工作行程切削力随时间的变化如下：

$$0 \leqslant t < 0.1, \qquad F = 0$$
$$0.1 \leqslant t < 0.62, \qquad F = 7000N$$
$$0.62 \leqslant t \leqslant 1.2, \qquad F = 0$$

工作阻力用函数表示为：

```
IF(time-0.1:0, -7000, IF(time-0.62: -7000, 0, IF(time-1.2:0, 0, 0)))
```

3．工作阻力曲线

在 COSMOSMotion 工具栏上选择 🗐，删除仿真结果，右键选择修改切削力的属性，如图 2.45 所示，在 COSMOSMotion 工具栏上按下 🖩，进行仿真。仿真自动计算完毕后，右键选择显示切削力随时间的变化曲线，如图 2.46 所示，得到 X 方向上的切削力随时间的变化曲线，如图 2.47 所示。

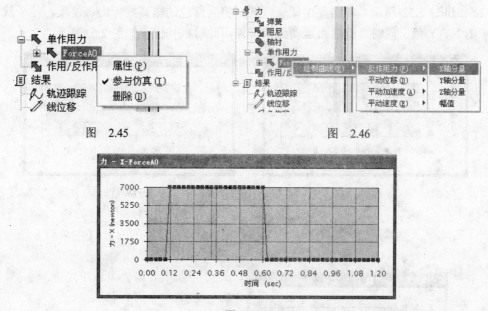

图　2.45　　　　　　　　　　　　　　图　2.46

图　2.47

2.4.4　仿真结果分析

通过仿真，可以得到刨头的位置、速度、加速度，获得机构的行程速比系数，以及机架的反作用力、反作用力矩等参数。

1．设置曲线图形显示参数

选择设计树运动分析图标 🔗，选择【结果】，右击【XY 曲线图形】，如图 2.48 所示，设置曲线绘图默认值，将 X、Y 轴的数字和标签字体的大小设置为恰当的值，如图 2.49 所示，单击 确定 按钮。

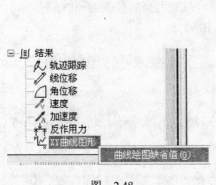

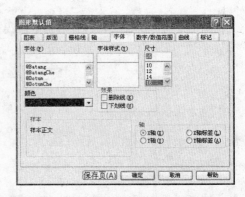

图　2.48　　　　　　　　　　　　图　2.49

2．绘制刨头质心位置、速度、加速度曲线

选择【零部件】，右击【套筒–1】，绘制刨头质心位置、速度、加速度曲线，如图 2.50、图 2.51 和图 2.52 所示。单击图中任一位置，将有红色的垂直线标出该位置，便于找出对应的 X、Y 值，同时，机构将运动到该位置。此时机构位置如图 2.53 所示。

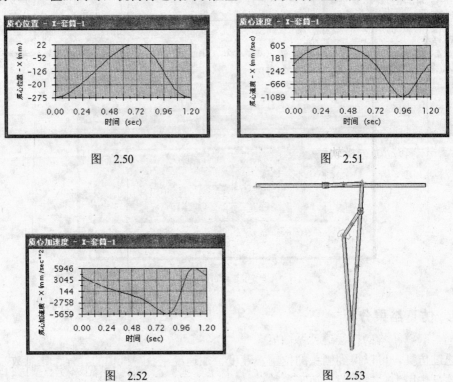

图　2.50　　　　　　　　　　　　图　2.51

图　2.52　　　　　　　　　　　　图　2.53

3．绘制曲柄与机架的反作用力

右击【同心 6】（如果装配的顺序不同，这个名称将不一样），绘制图 2.1 中 O 点曲柄与机架的约束铰链处的反作用力。选择【绘制曲线】/【反作用力】命令，绘制曲柄处机架的反作用力的 X、Y 方向的分量以及合力幅值，如图 2.54、图 2.55 和图 2.56 所示。

选择【绘制曲线】/【反作用力矩】命令，绘制反作用力矩的幅值如图 2.57 所示。

用类似方法，可以得到机构各运动副中的作用力。

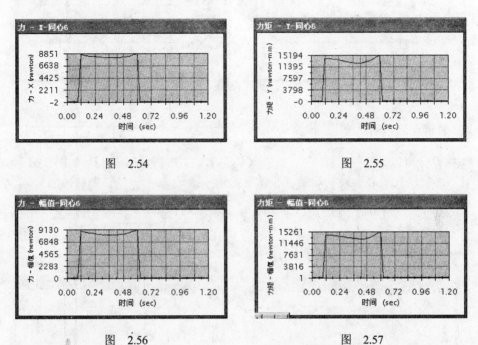

图　2.54　　　　　　　　　　　　图　2.55

图　2.56　　　　　　　　　　　　图　2.57

输出结果时，还可以在菜单中选择【运动】/【输出结果】命令，得到图 2.58 所示的各种输出方式；还可以选择【运动】/【输出到 ADAMS/View】命令，将模型输出到著名的运动和动力分析软件 ADAMS 中。

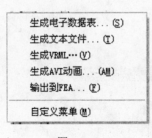

图　2.58

4．获得机构的行程速比系数 K

由刨头质心位置曲线（图 2.59）可以看出，刨头工作时向右到达极限位置的时间为0.72s，返回行程时间为 1.2–0.72=0.48s。根据行程速比系数定义：

$$K=0.72/0.48=1.5$$

K>1，说明该牛头刨床具有急回特性，即刨头工作行程运行慢，便于保证切削质量；空回行程运行快，节约加工时间。另外，从刨头质心速度曲线（图 2.60）也可以看出，工作行程时，速度比较均匀，空回行程时速度变化比较大。

SolidWorks 及 COSMOSMotion 机械仿真设计

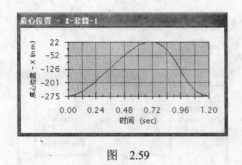

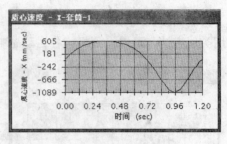

图 2.59   图 2.60

5．显示点的运动轨迹

选择设计树运动分析图标 ，选择【结果】，右击【轨迹跟踪】，如图 2.61 所示，生成轨迹跟踪。用鼠标选择铰链点，如图 2.62 所示，得到该点的运动轨迹。

图 2.61   图 2.62

第3章

凸轮机构造型与运动分析

凸轮机构是具有曲线轮廓的构件，是利用凸轮转动带动从动件实现预期运动规律的一种高副机构，广泛应用于各种机械，特别是自动机械、自动控制装置等。本章以摆动从动件盘型凸轮机构为例，用 SolidWorks 自带的 Visual Basic 编辑宏，用方程计算凸轮的轮廓坐标，进行准确的凸轮轮廓造型，然后进行二维状态碰撞运动仿真，进一步实现更接近真实状况的三维碰撞接触状态动力学仿真，并分析摆杆附加力矩对摆杆加速度的影响。

通过本章学习，读者只要把凸轮轮廓坐标写入一个文本文件，比如采用其他计算机语言编制程序或其他简便方法，就可以完成任意凸轮轮廓造型，拉伸得到三维凸轮实体。

3.1 工 作 原 理

摆动从动件盘型凸轮如图 3.1 所示，原动件凸轮 1 匀速转动，带动滚子 2 和摆杆 3 运动，输出运动为摆杆来回摆动，要求确定摆杆任意时刻的位置、角速度、角加速度。

初始条件：

中心距 AC=150mm，摆杆长 BC =120mm，基圆半径 Rb =50mm，滚子半径 Rg =12mm。

凸轮转速 n=72r/min。

推程：摆线运动。

回程：345 次多项式运动。

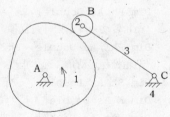

图　3.1

3.2 零 件 造 型

3.2.1 Visual Basic 程序生成凸轮理论廓线坐标

运行 SolidWorks，选择【文件】/【新建】/【零件】命令，建立一个新零件文件，右击 FeatureManager 设计树中的【材质】，选择【编辑材料】命令，设置零件的材质，选用"普通碳钢"。以文件名"凸轮"保存该零件。

选择【工具】/【宏】/【编辑】命令，打开已经编制好的 Visual Basic 程序"凸轮廓线.swp"，如图 3.2 所示。

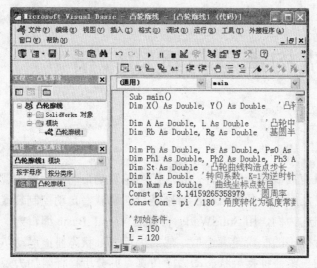

图　3.2

程序全文如下：

```
Sub main()
Dim X() As Double, Y() As Double        '凸轮轮廓曲线坐标

Dim A As Double, L As Double            '凸轮中心距，摆杆长
Dim Rb As Double, Rg As Double          '基圆半径，滚子半径

Dim Ph As Double, Ps As Double, Ps0 As Double, PsMax As Double
'凸轮转动角度、摆杆角位移、摆杆初始与水平线夹角、最大摆角
Dim Ph1 As Double, Ph2 As Double, Ph3 As Double, Ph4 As Double
'凸轮推程运动角、远休止度、回程运动角、近休止角
Dim St As Double        '凸轮曲线构造点步长
Dim K As Double         '转向系数。K=1为逆时针，K=-1为顺时针
Dim Num As Double       '曲线坐标点数目
Const pi = 3.14159265358979 '圆周率
Const Con = pi / 180        '角度转化为弧度常数

'初始条件
A = 150
L = 120
Rb = 50
Rg = 12

Ph1 = 120
```

```
Ph2 = 60
Ph3 = 100
Ph4 = 80
PsMax = 11

Ph1 = Ph1 * Con '转化为弧度，三角函数中需要以"弧度"为单位
Ph2 = Ph2 * Con
Ph3 = Ph3 * Con
Ph4 = Ph4 * Con
PsMax = PsMax * Con

K = -1
St = pi / 180 * 2 'St越大，凸轮曲线构造点越多(一度等于pi / 180弧度)，可根据效
                  '果调节该值


Ps0 = Acos((A ^ 2 + L ^ 2 - Rb ^ 2) / (2 * A * L))
Num = 0

'推程：摆线运动
For Ph = 0 To Ph1 Step St
  Ps = PsMax * (Ph / Ph1 - 1 / (2 * pi) * Sin(2 * pi * Ph / Ph1))

  '凸轮轮廓曲线坐标
  Num = Num + 1
  ReDim Preserve X(Num), Y(Num)
  X(Num) = A * Cos(Ph) - L * Cos((Ps + Ps0 + K * Ph))
  Y(Num) = -K * A * Sin(Ph) + L * Sin((Ps + Ps0 + K * Ph))

Next


'远休止
For Ph = Ph1 To Ph1 + Ph2 Step St

  '凸轮轮廓曲线坐标
  Num = Num + 1
  ReDim Preserve X(Num), Y(Num)
  X(Num) = A * Cos(Ph) - L * Cos((Ps + Ps0 + K * Ph))
  Y(Num) = -K * A * Sin(Ph) + L * Sin((Ps + Ps0 + K * Ph))

Next



'回程：345次多项式运动
```

```
For Ph = Ph1 + Ph2 To Ph1 + Ph2 + Ph3 Step St

    Ps = PsMax * (1 - 10 * ((Ph - (Ph1 + Ph2)) / Ph3) ^ 3 + 15 * ((Ph - (Ph1 +
Ph2)) / (Ph3)) ^ 4 - 6 * ((Ph - (Ph1 + Ph2)) / Ph3) ^ 5)

    '凸轮轮廓曲线坐标
    Num = Num + 1
    ReDim Preserve X(Num), Y(Num)
    X(Num) = A * Cos(Ph) - L * Cos((Ps + Ps0 + K * Ph))
    Y(Num) = -K * A * Sin(Ph) + L * Sin((Ps + Ps0 + K * Ph))
Next

'近休止
For Ph = Ph1 + Ph2 + Ph3 To Ph1 + Ph2 + Ph3 + Ph4 Step St
    Ps = 0

    '凸轮轮廓曲线坐标
    Num = Num + 1
    ReDim Preserve X(Num), Y(Num)
    X(Num) = A * Cos(Ph) - L * Cos((Ps + Ps0 + K * Ph))
    Y(Num) = -K * A * Sin(Ph) + L * Sin((Ps + Ps0 + K * Ph))

Next


Dim e As Double
Dim First As Boolean
First = True

Dim Tx, Ty '临时变量

e = 0.01    '两个相邻点坐标差相对差

'打开文件用来写入凸轮轮廓曲线坐标。这里文件放置的文件夹应预先建立
Open "F:\SolidWorks\第3章凸轮机构造型与运动分析\凸轮理论廓线坐标.txt" For
Output As #1

For i = 1 To Num - 1
    '若两个相邻点相同或太近，SolidWorks建模时会出错。因此排除这样的点
    '这里用e值来判断。根据具体情况可以改变该值
    If Not (Abs((X(i) - X(i + 1)) / X(i)) < e And Abs((Y(i) - Y(i + 1)) / Y(i)) <
e) Then
        If First = True Then Tx = X(i): Ty = Y(i): First = False
        Write #1, X(i), Y(i), 0    '在文本文件中写入凸轮轮廓曲线坐标
```

```
End If
Next i

Write #1, Tx, Ty, 0 '曲线首尾点相同，封闭
Close 1

End Sub

Private Function Acos(X As Double) As Double '反余弦
    Dim pi As Double
    pi = 4# * Atn(1#)  '45度 = pi/4
      If Abs(X) > 1# Then
      MsgBox "cosX>1 ,Acos(X)函数出错 ", 1 + 16, "警告": Exit Function
    Else
      If Abs(X) = 1# Then
        Acos = (1# - X) * pi / 2#
      Else
        Acos = pi / 2 - Atn(X / Sqr(-X * X + 1))
      End If
    End If
End Function
```

在 Visual Basic 中选择【运行】/【运行子过程/用户窗体】命令，执行该程序，将在当前文件夹中生成凸轮理论廓线坐标文件"凸轮理论廓线坐标.txt"。

3.2.2　凸轮三维实体造型

1. 生成理论廓线

选择【插入】/【曲线】/【通过 XYZ 点的曲线】命令，在出现的对话框中单击 浏览... 按钮，在【文件类型】下拉列表框中选择 Text Files 类型文件，如图 3.3 所示，找到"凸轮理论廓线坐标.txt"文件，单击 打开(0) 按钮，坐标数据在表中显示出来，如图 3.4 所示。

图　3.3

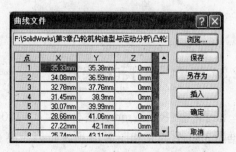

图　3.4

单击 ⬚确定⬚ 按钮，在图中将凸轮理论廓线曲线用样条曲线绘制出来，如图 3.5
所示。

2. 绘制实际廓线

选择【插入】/【草图绘制】命令，选择【前视基准】，选择曲线，选择【工具】/【草
图绘制工具】/【等距实体】命令，输入摆杆滚子半径，将曲线转换成草图曲线，如图
3.5 所示。得到凸轮实际轮廓曲线，在原点处绘制凸轮轴孔，如图 3.6 所示。

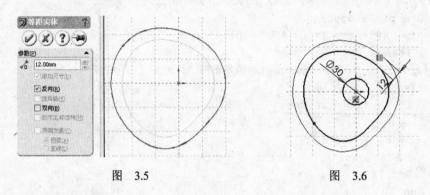

图 3.5   图 3.6

3. 凸轮三维实体造型

以距离 5mm 双向拉伸草图轮廓，得到凸轮三维实体，如图 3.7 所示。

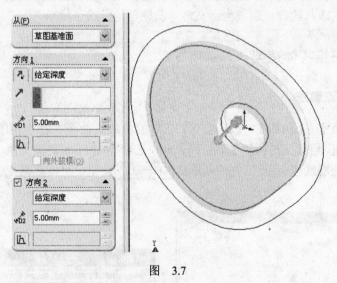

图 3.7

3.2.3 滚子、摆杆和机架造型

滚子半径 Rg=12mm，摆杆长度 L=120mm，凸轮与摆杆转动中心距离 A=150mm，
根据图 3.8、图 3.9 和图 3.10 所示，以距离 5mm 双向拉伸草图轮廓，得到零件滚子、摆
杆和机架，零件的材质均设置为"普通碳钢"，分别以文件名滚子、摆杆和机架保存。

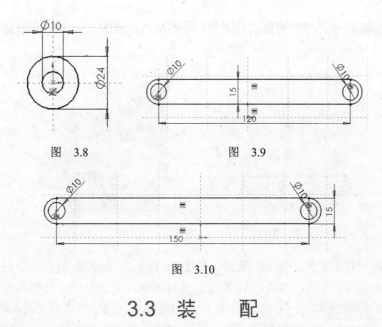

图 3.8   图 3.9

图 3.10

3.3 装 配

选择【文件】/【新建】/【装配体】命令，建立一个新装配体文件，以文件名"凸轮机构装配体" 保存该文件。

将摆杆添加进来，与机架转动处添加同轴心配合，如图 3.11 所示，其端面添加重合配合，如图 3.12 所示。

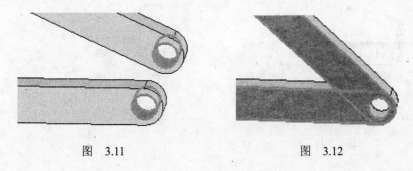

图 3.11   图 3.12

将滚子添加进来，与机架转动处添加同轴心配合，如图 3.13 所示，其端面添加重合配合，如图 3.14 所示。

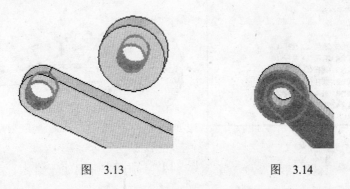

图 3.13   图 3.14

　　将凸轮添加进来，与机架转动处添加同轴心配合，如图 3.15 所示，其端面添加重合配合，如图 3.16 所示。

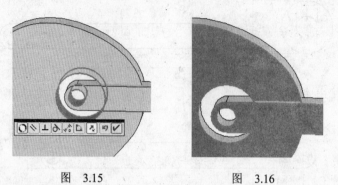

图　3.15　　　　　　　　　　　图　3.16

　　凸轮与滚子柱面之间添加相切配合，如图 3.17 所示，使得滚子与凸轮处于正确的装配位置。右击该相切配合，如图 3.18 所示，选择压缩，使该相切配合暂不起作用，不约束影响后面的运动仿真。在压缩后，如果再次用鼠标拖动滚子或凸轮，两者将不再相切，此时，右击该相切配合，选择解除压缩，凸轮与滚子就会再次相切。

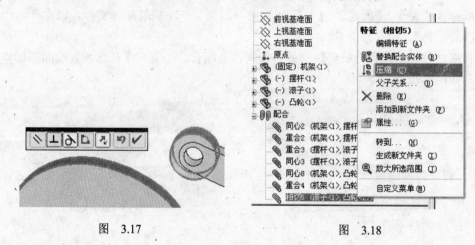

图　3.17　　　　　　　　　　　图　3.18

　　装配完毕后，所有各配合关系如图 3.19 所示。

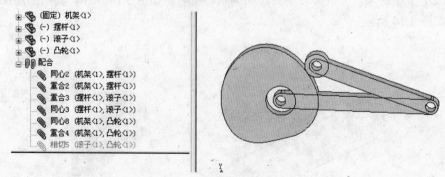

图　3.19

3.4　仿　　真

在设计树上选择运动分析图标 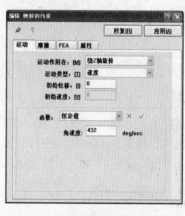，用右键将机架设置为【静止零部件】，其余设置为【运动零部件】，如图 3.20 所示。

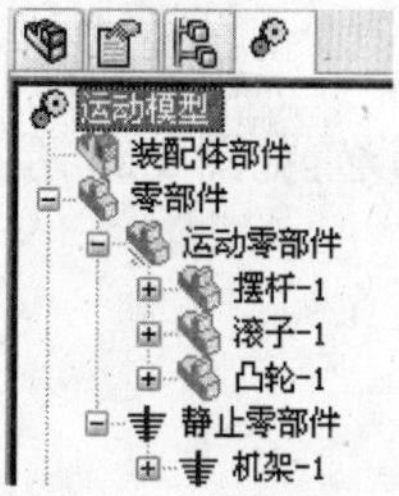

3.4.1　仿真设置

1．添加驱动

单击【约束】前面的+号，右击凸轮与机架的旋转副，选择【属性】命令，如图 3.21 所示，填写数据如图 3.22 所示，凸轮转速 n=72r/min=432°/s，单击 应用(A) 按钮，给原动件凸轮加上角速度为 432°/s 的驱动。

图　3.20

图　3.21

图　3.22

2．仿真时间设置

仿真一个周期，因为角速度为 432°/s，因此，仿真时间=360/432=0.83333s。其余参数设置如图 3.23 所示。

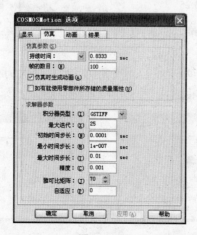

图　3.23

3.4.2　曲线碰撞运动仿真

右击【约束】/【碰撞】，选择【添加曲线/曲线碰撞】命令，分别选择滚子和凸轮，设置如图 3.24 所示。

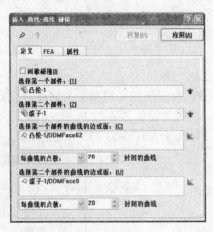

图　3.24

在工具栏上按下 ▣，进行仿真。仿真自动计算完毕后，右击【结果】/【角位移】，选择【生成角位移】命令，得到摆杆与机架夹角，如图 3.25 所示，摆杆角位移的变化情况如图 3.26 所示。

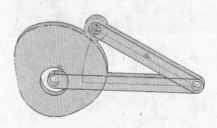

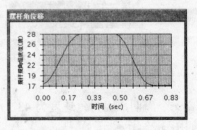

图　3.25　　　　　　　　　　　　　　图　3.26

右击【零部件】/【运动零部件】/【摆杆-1】，选择【绘制曲线】，绘制角速度和角加速度的 Z 轴分量曲线如图 3.27 和图 3.28 所示。

由图 3.26 可见，摆杆与水平线初始夹角为 17°，最大为 28°，因此最大摆杆角位移为 28–17=11°，与题目设置相吻合。

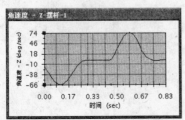

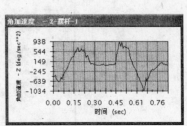

图　3.27　　　　　　　　　　　　　　图　3.28

3.4.3　3D 碰撞接触状态动力学仿真与分析

前面根据凸轮曲线与滚子曲线碰撞得到的仿真是二维状态的仿真，与凸轮工作的真实状况有较大的差距。下面进行 3D 碰撞接触状态动力学仿真，并且给摆杆加上一个使摆杆与凸轮保持接触的力矩，分析该力矩的值对摆杆加速度的影响。

首先选择【约束】/【碰撞】，右击 CvCv，选择【参与仿真】命令，取消其选中状态，冻结曲线碰撞。

右击【约束】/【碰撞】，选择【添加 3D 碰撞】命令，分别选择凸轮和滚子，如图 3.29 所示，定义碰撞参数如图 3.30 所示，单击 应用(A) 按钮。

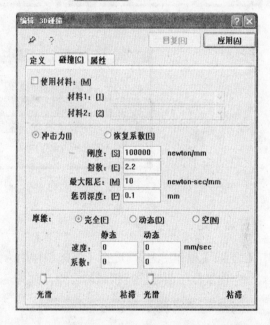

图　3.29　　　　　　　　　　　图　3.30

在图 3.30 中：

刚度：指每单位穿透深度所产生的力，为碰撞中两个零件材料的近似刚度，钢对钢的刚度可以取 100000N/mm。

指数：非线性刚度力指数 e 是接触力原理方程中的因子 e，$F_{接触}=kX^e$，一般可以取 1.2～2.2。

最大阻尼：接触边界的最大阻尼系数。阻尼力是运动物体速度的函数，与物体运动方向相反，$F_{阻尼}=C \times V_n$，C 是阻尼系数，V_n 是接触面的相对法向速度。

惩罚深度：碰撞时接触边界的穿透深度。

1．摆杆不加力矩

摆杆角位移如图 3.31 所示，角速度如图 3.32 所示，角加速度如图 3.33 所示。与前面曲线碰撞运动仿真相比，可见角位移曲线基本不变，角速度存在瞬时波动，角加速度则变化较大，在某几个位置有较大的突变，这是实际运行时凸轮与滚子 3D 碰撞时可能会产生的情况，而最大加速度增加了 300 多倍，则是因为假设为刚性碰撞，实际上摆杆等所有构件都是弹性的，不会达到这样大的值。

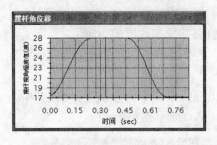

图 3.31

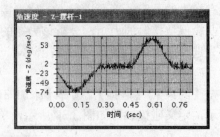

图 3.32

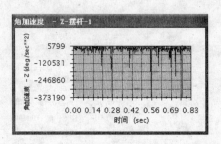

图 3.33

2．摆杆加力矩

右击【力】/【单作用力】，选择【添加单作用力矩】命令，设置如图 3.34 所示，给摆杆加上一个使摆杆与凸轮保持接触的力矩，如图 3.35 所示。

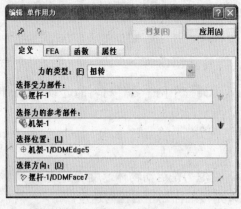

图 3.34

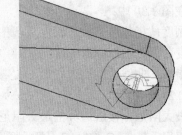

图 3.35

（1）力矩值为 2N/mm

摆杆角速度如图 3.36 所示，角加速度如图 3.37 所示，与前面摆杆不加力矩相比，角速度基本不变，角加速度最大值下降了近一半，因此，惯性力将减小，振动、冲击将降低，凸轮运转更加平稳。

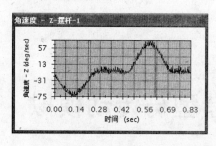 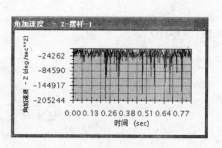

图　3.36 　　　　　　　　　　　　　　　　图　3.37

（2）力矩值为 4N/mm

进一步加大力矩值为 4N/mm，摆杆速度如图 3.38 所示，角加速度如图 3.39 所示，与前面力矩值为 2N/mm 相比，角速度变化范围加大，角加速度最大值增加很多，因此，并非力矩值越大越好。

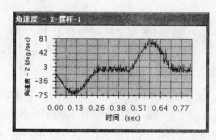 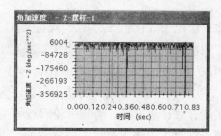

图　3.38 　　　　　　　　　　　　　　　　图　3.39

第4章

齿轮造型与传动模拟

齿轮机构是机械中应用最广泛的机构，SolidWorks 没有给出齿轮渐开线轮廓的准确构造方法，而很多场合我们需要这样的造型，这就需要对 SolidWorks 进行二次开发，用程序来实现。

本章给出了 VBA 二次开发 SolidWorks，生成齿轮廓线的完整程序，可以完成直齿和斜齿圆柱齿轮的造型。并对程序关键语句进行了详细的说明，只需要输入齿轮的齿数、模数、压力角，程序就可以在 SolidWorks 中绘制出相应的齿轮轮廓。本章还介绍了 Visual Basic 二次开发 SolidWorks 的基本知识，为了尽可能使程序简单，容易阅读，只用程序实现了渐开线计算坐标、绘制齿轮廓线等主要部分，能够用鼠标操作 SolidWorks 完成的部分都没有写入程序。有兴趣的读者通过阅读这段程序，可以学会 Visual Basic 二次开发 SolidWorks 的入门知识。

VBA（Visual Basic for Application）是 SolidWorks 自带的用来进行二次开发的 Visual Basic 语言，与 Visual Basic 略有一些不同，比如窗体以及一些控件名称、事件等，VBA 由于是 SolidWorks 内嵌的，不需要在设计时引用 SolidWorks 对象库，这与 Visual Basic 二次开发 SolidWorks 不同。

在本章模拟了三个齿轮的啮合运转，共两种情况：一是给出一个主动轮，三个齿轮之间添加三维碰撞约束，在碰撞力作用下主动轮带动其余两个齿轮转动，这是齿轮真实的运行状态，可以观察到碰撞过程中的角速度波动情况，如果需要研究一些特殊的非渐开线齿轮，可以用这种方法得到主动轮和从动轮的角速度曲线；二是用耦合的方式，使三个齿轮按照传动比关系匀速转动，这是一种理想状态的运动模拟。

4.1 工 作 原 理

齿轮端面如图 4.1 所示，其中 0，1，2，3，4 点构成半个齿轮槽廓线，其中 0，1，2 点构成齿轮根部过渡曲线，2，3，4 点为渐开线上的点，程序根据公式计算出各点坐标后，根据轮廓两边对称，得到整个齿轮槽上 9 个点的坐标，然后用程序绘制出通过各点的样条曲线和齿轮顶圆两张草图，其余部分直接操作 SolidWorks 完成。

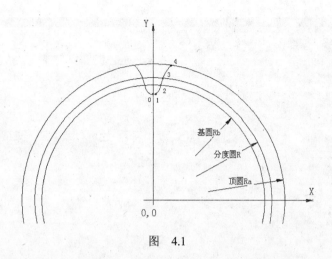

图　4.1

4.2　VBA 程序生成齿轮廓线

运行 SolidWorks，选择【文件】/【新建】/【零件】命令，建立一个新零件文件。右击 FeatureManager 设计树中的【材质】，选择【编辑材料】命令，设置零件的材质，选用"普通碳钢"。以文件名"齿轮 1"保存该零件。

选择【工具】/【宏】/【新建】命令，新建一个 VBA 程序，文件名为"齿轮造型.swp"。

在 VBA 界面中选择【插入】/【用户窗体】命令，添加工具箱中的控件到窗体上：用 **A** 添加三个标签，用 **abl** 添加三个文字框，用 **┘** 添加两个命令按钮，如图 4.2 所示。

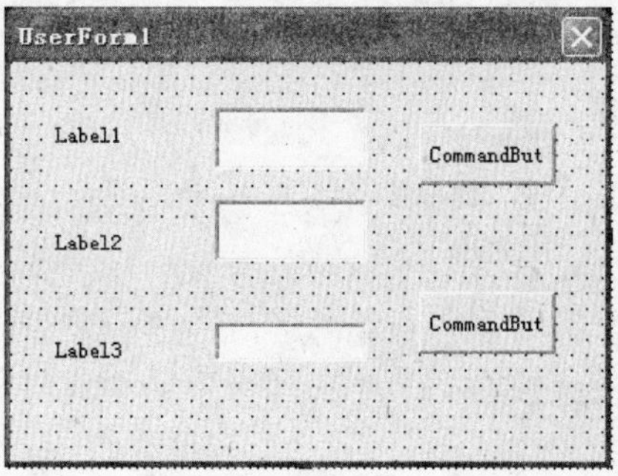

图　4.2

通过 VBA 编辑界面，写入各控件的程序。如图 4.3 所示，在对象下拉列表框中选择控件名，写入程序代码，如图 4.4 所示。

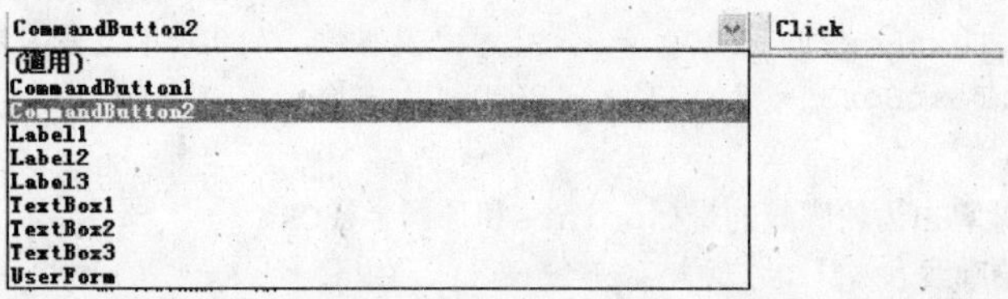

图　4.3

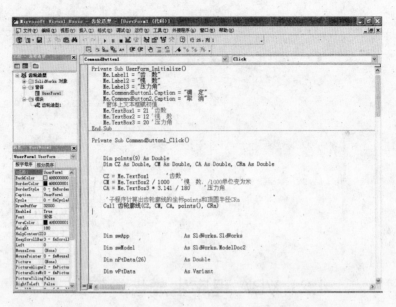

图　4.4

程序代码如下：

```
Private Sub UserForm_Initialize()
    Me.Label1 = "齿　数"
    Me.Label2 = "模　数"
    Me.Label3 = "压力角"
    Me.CommandButton1.Caption = "确　定"
    Me.CommandButton2.Caption = "取　消"
    '窗体上文本框赋初值
    Me.TextBox1 = 21 '齿数
    Me.TextBox2 = 12 '模　数
    Me.TextBox3 = 20 '压力角
End Sub

Private Sub CommandButton1_Click()


    Dim points(9) As Double
    Dim CZ As Double, CM As Double, CA As Double, CRa As Double

    CZ = Me.TextBox1        '齿数
    CM = Me.TextBox2 / 1000            '模　数，/1000单位变为米
    CA = Me.TextBox3 * 3.141 / 180    '压力角

    '子程序计算出齿轮廓线的坐标points和顶圆半径CRa
    Call 齿轮廓线(CZ, CM, CA, points(), CRa)
```

```
    Dim swApp                 As SldWorks.SldWorks
    Dim swModel               As SldWorks.ModelDoc2
    Dim nPtData(26)           As Double
    Dim vPtData               As Variant
    Dim swSketchSeg(1)        As SldWorks.SketchSegment

    Set swApp = Application.SldWorks
    Set swModel = swApp.ActiveDoc

    Set swSketchSeg(0) = swModel.CreateCircleByRadius2(0, 0, 0, CRa)
    swModel.InsertSketch2 True

    nPtData(0) = -points(8): nPtData(1) = points(9):    nPtData(2) = 0#
    nPtData(3) = -points(6): nPtData(4) = points(7):    nPtData(5) = 0#
    nPtData(6) = -points(4): nPtData(7) = points(5):    nPtData(8) = 0#
    nPtData(9) = -points(2): nPtData(10) = points(3):   nPtData(11) = 0#
    nPtData(12) = points(0): nPtData(13) = points(1):   nPtData(14) = 0#
    nPtData(15) = points(2): nPtData(16) = points(3):   nPtData(17) = 0#
    nPtData(18) = points(4): nPtData(19) = points(5):   nPtData(20) = 0#
    nPtData(21) = points(6): nPtData(22) = points(7):   nPtData(23) = 0#
    nPtData(24) = points(8): nPtData(25) = points(9):   nPtData(26) = 0#


    vPtData = nPtData


    Set swSketchSeg(1) = swModel.CreateSpline(vPtData)  '创建齿轮廓线样条曲线

    Dim bRet As Boolean
    '绘制齿轮顶圆曲线
    bRet = swModel.CreateArcByCenter(0, 0, 0, points(8), points(9), 0,
-points(8), points(9), 0)
    swModel.InsertSketch2 True
    swModel.ViewZoomtofit2 '整屏显示图形


End Sub



Sub 齿轮廓线(CZ As Double, CM As Double, CA As Double, points() As Double,
CRa As Double)
    Dim CR As Double, CRb As Double, CRf As Double, CSb As Double, Th(3)
    '-----------------------------------------------------------------
    CR = CM * CZ / 2 '齿轮分度圆半径
```

```
        CRf = (CR - 1.25 * CM) '齿轮根圆半径
        CRb = CR * Cos(CA)  '齿轮基圆半径
        CRa = CR + CM '齿轮顶圆半径


        '--------------------------------------------------------------

        '齿轮基圆齿厚
        CSb = Cos(CA) * (3.14 * CM / 2 + CM * CZ * (Tan(CA) - (CA)))
        Th(1) = (3.14 * CM * Cos(CA) - CSb) / (2 * CRb)
        Th(0) = Th(1) / 3
        Th(2) = Th(1) + Tan(CA) - CA
        'ACos---反余弦，自定义函数
        Th(3) = Th(1) + Tan(Acos(CRb / CRa)) - Acos(CRb / CRa)


        '第0点
        points(0) = 0: points(1) = CRf
        '第1点
        points(2) = CRf * Sin(Th(0)): points(3) = CRf * Cos(Th(0))
        '第2点
        points(4) = CRb * Sin(Th(1)): points(5) = CRb * Cos(Th(1))
        '第3点
        points(6) = CR * Sin(Th(2)): points(7) = CR * Cos(Th(2))
        '第4点
        points(8) = CRa * Sin(Th(3)): points(9) = CRa * Cos(Th(3))


        '当基圆小于根圆，调整第1、第2点坐标，得到近似值
        If CRb < CRf Then
          '第1点
          points(2) = points(6) * 0.2: points(3) = points(1) + 0.25 * CM * 0.03
          '第2点
          points(4) = points(6) * 0.7: points(5) = points(1) + 0.25 * CM * 0.8

        End If

    End Sub

  Function Acos(X As Double) As Double '反余弦
      Dim pi As Double
      pi = 4# * Atn(1#)  '45度 = pi/4
        If Abs(X) > 1# Then
          MsgBox "cosX>1 ,Acos(X)函数出错 ", 1 + 16, "警告": Exit Function
```

```
    Else
      If Abs(X) = 1# Then
        Acos = (1# - X) * pi / 2#
      Else
        Acos = pi / 2 - Atn(X / Sqr(-X * X + 1))
      End If
    End If
End Function



Private Sub CommandButton2_Click()
End
End Sub
```

　　双击选择 VBA 右边的【工程资源管理器】中的 UserForm1，如图 4.5 所示，选择【运行】/【运行子过程/用户窗体】命令，将执行上面的程序代码，出现运行中的窗体，如图 4.6 所示。

图　4.5

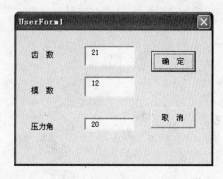

图　4.6

　　单击【确定】按钮，在 SolidWorks 的窗体中绘制两个草图，如图 4.7 所示。单击【取消】按钮，退出 VBA 的运行。草图 1 是齿轮顶圆，草图 2 是一个齿轮的齿槽轮廓曲线。对齿轮顶圆草图拉伸，厚度为齿轮厚度，这里取为 80mm，对齿槽轮廓曲线草图拉伸切除，得到一个齿轮的三维齿槽造型，如图 4.8 所示。

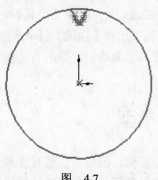

图　4.7

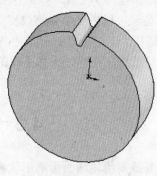

图　4.8

选择【插入】/【参考几何体】/【基准轴】命令，单击齿轮柱体表面，在齿轮中心添加基准轴。选择【插入】/【阵列/镜像】/【圆周阵列】命令，填写参数如图 4.9 所示，阵列数目为齿轮的齿数。在齿轮的端面插入一个草图，绘制轴孔，如图 4.10 所示，然后拉伸切除，得到齿轮 1 的完整三维造型，如图 4.11 所示。齿面为渐开线面，如图 4.12 所示。

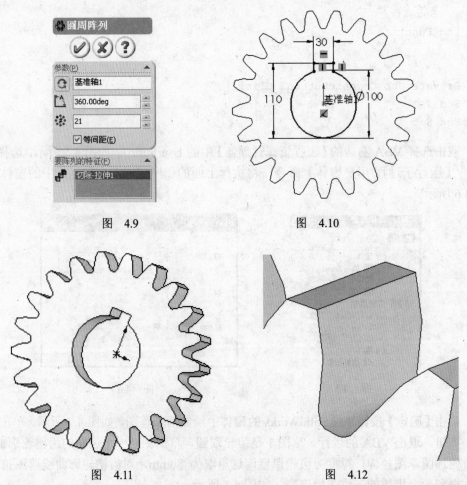

图 4.9   图 4.10

图 4.11   图 4.12

同样地，新建一个文件，以文件名"齿轮 2"保存该零件，运行程序，齿数填写 42，生成第 2 个齿轮，以后如果要修改程序，在 SolidWorks 中，选择【工具】/【宏】/【编辑】命令，选择"齿轮造型.swp"，在 VBA 编辑环境中选择【视图】/【代码窗口】命令，可以查看或修改程序代码，选择【视图】/【对象窗口】命令，可以查看、编辑窗口上的控件。

4.3 斜齿轮造型

由于渐开线斜齿轮端面齿廓形状和直齿轮完全相同，因此，在圆柱体端面上绘制出直齿轮轮廓后，将其沿斜齿轮螺旋线扫描切除，就得到了一个斜齿轮的轮槽特征，再按照齿数阵列，就得到了斜齿轮造型。

如图 4.13 所示，得到齿轮圆柱体和齿轮廓线后，在圆柱体端面建立一个草图，选择圆周，选择【工具】/【草图绘制工具】/【转换实体引用】命令，选择【插入】/【曲线】/【螺旋线/涡状线】命令，得到螺旋线，设置参数如图 4.14 所示，顶圆直径为 276mm，顶圆螺旋角设为 15 度，则螺距为 3.14×276×tan（90–75）=3235.37mm。

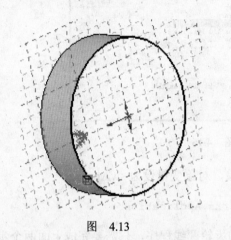

图　4.13　　　　　　　　　　　　　　　图　4.14

选择【插入】/【切除】/【扫描】命令，右击齿轮廓线，选择【开始轮廓选择】/【结束轮廓选择】命令，路径选择螺旋线，得到一个螺旋齿槽，然后同前面一样阵列 21 个，得到完整的斜齿轮造型，如图 4.15 所示。

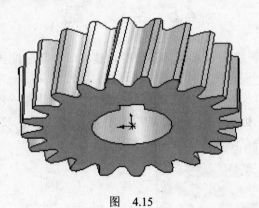

图　4.15

4.4　Visual Basic 二次开发 SolidWorks 简述

如果用 Visual Basic 编制程序进行 SolidWorks 二次开发，首先要将 Visual Basic 与 SolidWorks 连接起来，这需要完成两个步骤：

（1）编写 Visual Basic 代码前，在 Visual Basic 编程环境中引用 SolidWorks 对象库。在 Visual Basic 编程环境中选择【工程】/【引用】命令，选中 SolidWorks 2005 Type Library 复选框，如图 4.16 所示。

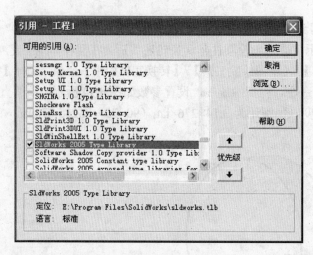

图 4.16

（2）用下面语句创建 SolidWorks 对象，对象变量设为 swApp。

```
Set swApp = CreateObject("SldWorks.Application")
```

因此，若用 Visual Basic 编制前面的齿轮廓线程序，只需要完成上面两个步骤，并将程序中控件名做相应的改变，如把 VBA 中的 CommandButton1 变为 Visual Basic 中的 Command1，就可以得到用 Visual Basic 二次开发 SolidWorks 的程序。

4.5 装　　配

选择【文件】/【新建】/【装配体】命令，建立一个新装配体文件，以文件名"齿轮造型与传动装配体"保存该文件。

将前面完成的零件齿轮 1 添加进来两次，齿轮 2 添加进来一次，端面相互对齐。根据两齿轮中心距公式，齿轮 1 和齿轮 2 的中心距为 12（21+42）/2=378mm，给两齿轮基准轴添加一个距离配合，距离为 378mm，如图 4.17 所示。

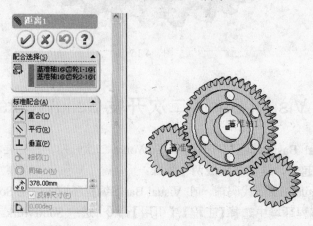

图　4.17

用鼠标将齿轮啮合部分调节为基本处于啮合状态即可，当进行三维碰撞仿真时，会自动调节为良好的相切啮合状态。装配完毕后，配合关系如图 4.18 所示。

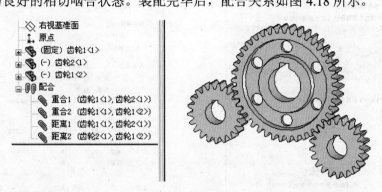

图　4.18

4.6　模　拟　仿　真

在设计树上选择运动分析图标，三个齿轮都设置为【运动零部件】。给每个齿轮添加一个旋转副，如图 4.19 所示。左边的齿轮 1 的旋转副设置一个运动，如图 4.20 所示。

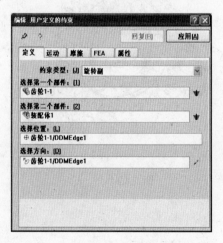

图　4.19

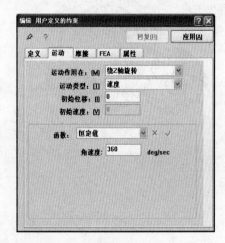

图　4.20

4.6.1　三维碰撞接触状态模拟

齿轮 1 带动齿轮 2 转动，齿轮 2 又带动另一个齿轮 1 转动，实际情况是刚体之间的碰撞产生的。下面就对这种状况进行模拟。

右击【约束】/【碰撞】，选择【添加 3D 碰撞】命令，分别选择大齿轮和两个小齿轮，如图 4.21 所示，定义碰撞参数如图 4.22 所示，单击　应用(A)　按钮。

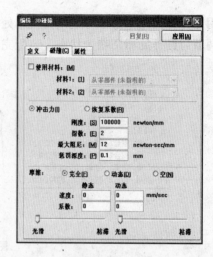

图　4.21　　　　　　　　　　　　　图　4.22

　　从模拟结果可以看出，初始状态如图 4.23 所示，中间状态如图 4.24 所示。从运行中可以看出各轮齿保持了很好的啮合状态，没有干涉或脱离啮合现象。图 4.25 显示轮齿啮合的部分。

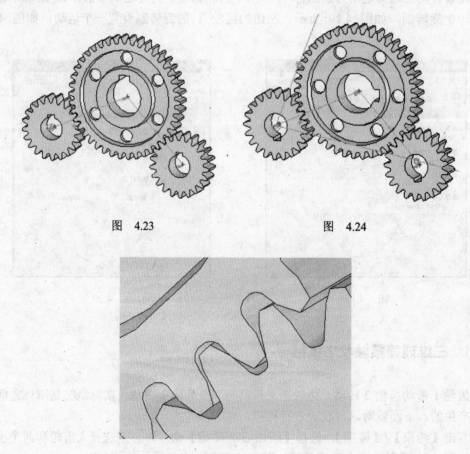

图　4.23　　　　　　　　　　　　　图　4.24

图　4.25

此时各轮角速度曲线如图 4.26、图 4.27 和图 4.28 所示。齿轮 1-1 应该为 360°/s，齿轮 2-1 应该为 180°/s，齿轮 1-2 应该为 360°/s，由于碰撞的影响，实际结果是角速度有一定范围的波动，在一定程度上反映了齿轮的真实情况。

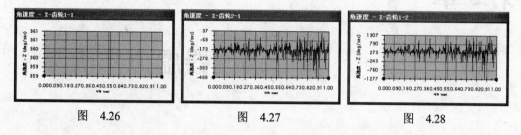

图 4.26   图 4.27   图 4.28

4.6.2　耦合运动模拟

右击【耦合】，选择【添加耦合】命令，在【何时约束】和【约束】栏，分别用鼠标选择右边设计树【约束】下面的 Joint 和 Joint2。主动齿轮 1-1 和从动齿轮 2-1 转动角度之比为两轮齿数之比，等于 42:21，如图 4.29 所示。同样，齿轮 2-1 与齿轮 1-2 转动角度之比为 21:42，如图 4.30 所示。

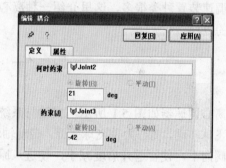

图 4.29   图 4.30

这样模拟显示的各轮角速度曲线是与理论值完全一样的值，如图 4.31、图 4.32 和图 4.33 所示。

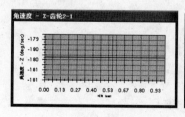
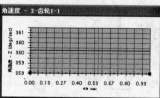
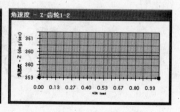

图 4.31   图 4.32   图 4.33

第5章

离心调速器虚拟样机

机械运转过程中，当工作阻力或驱动力发生突变，使输入能量与输出能量在较长的一段时间里失衡，产生非周期性速度波动，若不加以调节，将会使系统的转速持续上升或下降，严重时将导致飞车或停止运转。为避免这种状况发生，必须使其速度波动得到调节。对一些不具备自调节性的机械，如采用气轮机、内燃机等为原动机的机械系统，需要安装专门的调速装置来调节出现的非周期性速度波动。

调速装置种类很多，这里介绍一种离心调速器的虚拟样机模型，并模拟显示其调节速度的过程。

5.1 工 作 原 理

离心调速器如图 5.1 所示，立轴与系统相连，当系统的转速过高时，立轴带动调速器的飞球转动，离心力使飞球张开，带动轴环旋转并向上移动，轴环带动轴套向上移动，节流阀向下，使管道开启度减小，使进入原动机的工作介减少，立轴转速将下降。反之，当转速过低，节流阀开启增大，进入原动机的工作介质增多，使系统的转速增加，从而调节系统的转速。

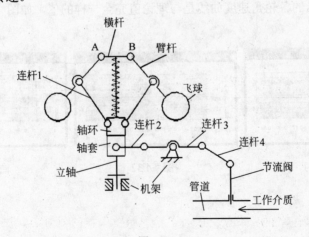

图 5.1

5.2　零件造型

1. 横杆、臂杆及连杆

运行 SolidWorks,选择【文件】/【新建】/【零件】命令,建立一个新零件文件。右击 FeatureManager 设计树中的【材质】,选择【编辑材料】命令,设置零件的材质,选用"普通碳钢"。按照图 5.2 中的尺寸绘制草图,拉伸厚度为 5 mm,选择【插入】/【参考几何体】/【基准面】命令,选择【垂直于曲线】,如图 5.3 所示。单击边线中点,建立一个基准面供装配使用,以文件名"横杆"保存该零件。

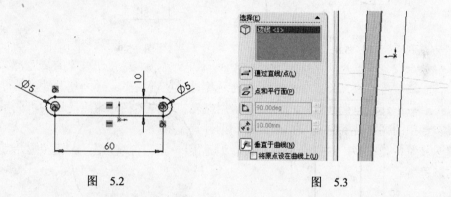

图　5.2　　　　　　　　　　　　　　　　图　5.3

臂杆草图及尺寸如图 5.4 所示,连杆 1、连杆 2 和连杆 3 分别如图 5.5、图 5.6 和图 5.7 所示,拉伸厚度均为 5mm。连杆 4 与连杆 2 相同。

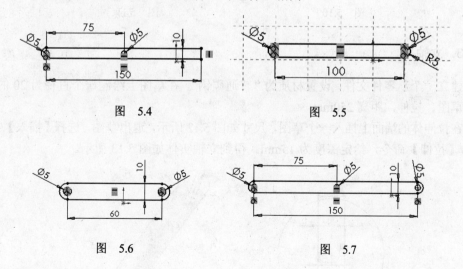

图　5.4　　　　　　　　　　　　　　　　图　5.5

图　5.6　　　　　　　　　　　　　　　　图　5.7

2. 飞球

建立一个新零件文件,设置材质为"普通碳钢",在坐标原点绘制草图及尺寸,如图 5.8 所示,旋转 360°得到球体。

插入一个草图，选择【上视基准面】，以原点为中心绘制草图，如图 5.9 所示，拉伸，厚度为 35mm。在拉伸体的端面上插入一个草图，尺寸如图 5.10 所示，选择【插入】/【切除】/【拉伸】命令，给定深度为 10mm。得到飞球实体如图 5.11 所示。

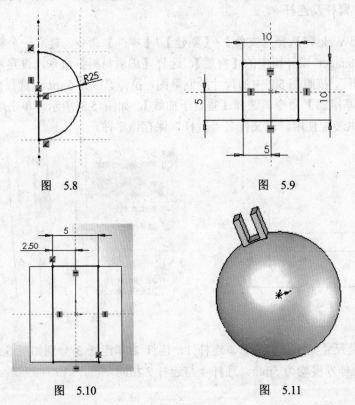

图 5.8　　　　　　　　　　　　图 5.9

图 5.10　　　　　　　　　　　图 5.11

3. 立轴

建立一个新零件文件，设置材质为"普通碳钢"，在草图上绘制一个直径为 20 的圆，退出草图，拉伸，距离 250mm。

在拉伸体的端面上插入一个草图，尺寸如图 5.12 所示，退出草图，选择【插入】/【切除】/【拉伸】命令，给定深度为 15mm。得到立轴实体如图 5.13 所示。

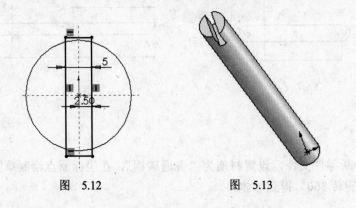

图 5.12　　　　　　　　　　图 5.13

4．轴环与轴套

建立一个新零件文件，设置材质为"普通碳钢"，在坐标原点绘制草图，如图 5.14 所示，退出草图，拉伸，给定距离为 30mm。

在拉伸体的上视基准面插入一个草图，尺寸如图 5.15 所示。选择【工具】/【草图绘制工具】/【镜像】命令，【要镜像的实体】用鼠标框选为刚绘制的草图，【镜像点】选择为垂直轴，得到镜像草图如图 5.16 所示。退出草图。

拉伸草图，距离为 2.5mm。得到轴环实体如图 5.17 所示。以文件名"轴环" 保存该零件。

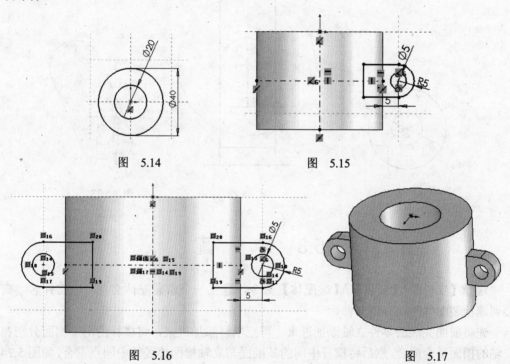

图 5.14　　　　　　　　　　　图 5.15

图 5.16　　　　　　　　　　　图 5.17

选择【文件】/【另存为】命令，将文件"轴环"另存为"轴套"，编辑最后一个草图，删除轴环上建立的镜像草图部分，退出，就得到了轴套，如图 5.18 所示。

图 5.18

5．节流阀与管道

建立一个新零件文件，设置材质为"普通碳钢"，在坐标原点绘制草图，如图 5.19 所示。退出草图，拉伸，给定距离为 5mm。得到节流阀如图 5.20 所示。

建立一个新零件文件，设置材质为"普通碳钢"，在坐标原点绘制草图，如图 5.21 所示，拉伸，给定距离为 100mm。

在拉伸体的端面上插入一个草图，尺寸如图 5.22 所示，选择【插入】/【切除】/【拉伸】命令，给定深度为 10mm。得到管道实体如图 5.23 所示。

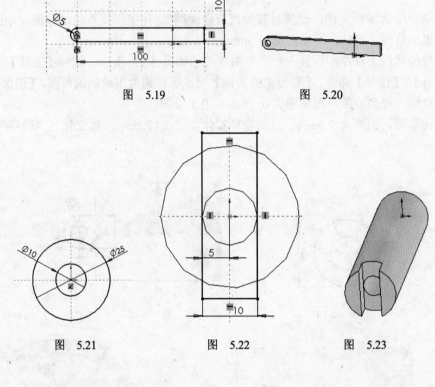

图 5.19   图 5.20

图 5.21   图 5.22   图 5.23

5.3 装　　配

选择【文件】/【新建】/【装配体】命令，建立一个新装配体文件，以文件名"离心调速器装配体"保存该文件。

先将前面完成的零件立轴添加进来，再把横杆添加进来，将横杆的两个侧面分别和立轴的槽面重合配合，然后将横杆中间的基准面与立轴槽面边线的中间点重合，如图 5.24 所示。

把臂杆添加进来，装配如图 5.25 所示。

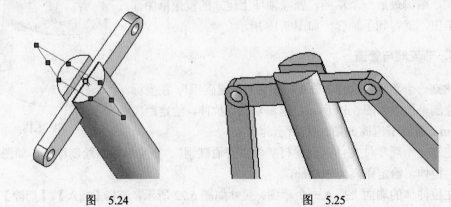

图 5.24   图 5.25

把飞球添加进来，进行三个面的重合配合，把轴环添加进来，与立轴进行同轴心配合，装配如图 5.26 所示。把连杆 1 添加进来，与臂杆进行重合、同心配合，再和轴环进行同心配合，如图 5.27 所示。再次插入连杆 1，进行同样配合。

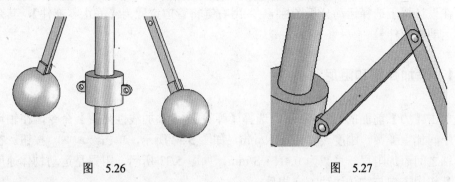

图　5.26　　　　　　　　　　　　　图　5.27

把轴套添加进来，与立轴进行同心配合，与轴环进行重合配合，如图 5.28 所示。

按顺序把连杆 2、连杆 3、连杆 2 和节流阀插入进来，其中连杆 2 插入了两次，第 2 次作为连杆 4 插入，装配合如图 5.29 所示。

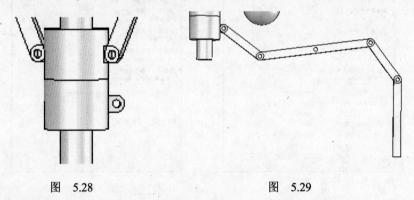

图　5.28　　　　　　　　　　　　　图　5.29

把管道插入进来，与节流阀两个面进行重合配合，如图 5.30 所示。装配完毕后，如图 5.31 所示。

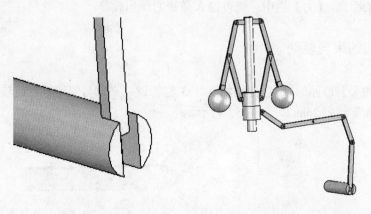

图　5.30　　　　　　　　　　　　　图　5.31

5.4 仿 真

在设计树上选择运动分析图标 ，用右键将管道设置为【静止零部件】，其余设置为【运动零部件】。

5.4.1 添加弹簧和阻尼

单击【力】前面的+号，右击，选择【弹簧】/【添加线性弹簧】命令，在轴环和横杆的中间加上弹簧，刚度设置为 20N/mm，如图 5.32 所示，单击 应用(A) 按钮。在轴环和立轴之间添加阻尼，系数为 0.4N·S/mm，如图 5.33 所示。阻尼是运动物体速度的函数，其作用方向与物体运动方向相反。

图 5.32

图 5.33

添加弹簧时，在图 5.32 的【刚度】栏中，会给出一个默认的刚度值，应根据实际需要重新输入。若选中【设计】复选框，则【长度】栏中的值为弹簧的自由长度，是所选择两点之间的距离。【力】栏中，可以输入弹簧的预加载荷。

5.4.2 添加约束与驱动

单击【约束】前面的+号，分别将连杆 3 与管道、立轴与管道添加旋转副 Joint，立轴与管道添加旋转副 Joint2，如图 5.34 所示。

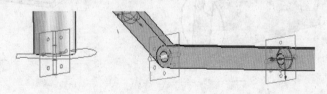

图 5.34

5.4.3　仿真比较和分析

仿真时间设置为 3s，帧的数目设置为 300。

1．立轴转速为 90r/mim

90r/min 即 90×360/60=540°/s，右击立轴与管道的旋转副 Joint2，选择【属性】命令，填写立轴转速，如图 5.35 所示，仿真结果如图 5.36 所示。

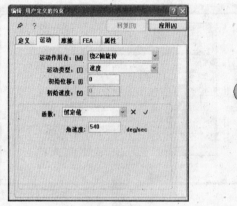

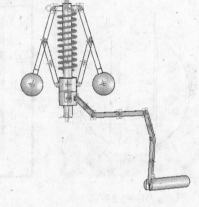

图　5.35　　　　　　　　　　　图　5.36

右击【结果】/【线位移】，选择【生成线位移】命令，选择节流阀底端的中点和管道的圆心，生成线位移 Ldisplacement，如图 5.37 所示。右击 Ldisplacement，选择【绘制曲线】/【Z 轴分量】命令，得节流阀底端的中点和管道的圆心距离随时间变化的关系，如图 5.38 所示。

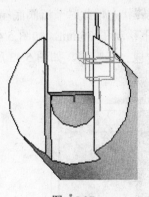

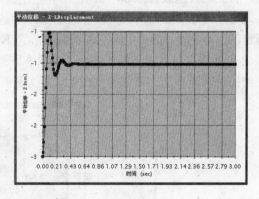

图　5.37　　　　　　　　　　　图　5.38

可见，在飞球离心力和弹簧力以及阻尼的共同作用下，轴环带动轴套上升，经过 0.3s 后达到稳定运转状态，此时节流阀底端从距离管道的圆心之上 3mm 缩短为 1mm，下移动了 2mm。这时候管道大部分都处于开启状态。

2．立轴转速为 200r/min

在工具栏上按下 ▣ ，删除仿真结果。

200r/min 即 200×360/60=1200°/s，右击立轴与管道的旋转副 Joint2，选择【属性】命令，将立轴转速改为 1200°/s，在工具栏上按下 ▣ ，进行仿真。

此时，飞球离心力增大，轴套经过 0.23s 后达到稳定运转状态，此时节流阀底端从距离管道的圆心之上 3mm 变为在管道的圆心之下 4mm，下移动了 7mm，如图 5.39 和图 5.40 所示。这时候管道只开启了很少，使流过的介质减少，调节立轴的转速降低。

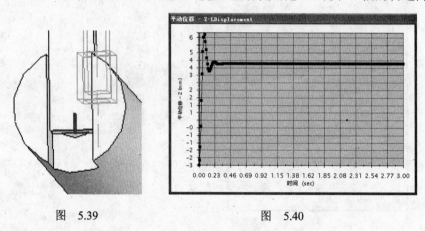

图 5.39　　　　　　　　　　　　图 5.40

3．立轴转速为 1000r/min

在工具栏上按下 ▣ ，删除仿真结果。

1000r/min 即 1000×360/60=6000°/s，右击立轴与管道的旋转副 Joint2，选择【属性】命令，将立轴转速改为 6000°/s，在工具栏上按下 ▣ ，进行仿真。

此时，飞球离心力增大，轴套经过 0.1s 后达到稳定运转状态，此时节流阀底端从距离管道的圆心之上 3mm 变为在管道的圆心之下 32mm，下移动了 35mm，如图 5.41 和图 5.42 所示。这时候管道处于完全关闭状态。此时连杆拉成一条直线，如图 5.43 所示，连杆结构使轴环不能再上升，飞球处于最大张开状态。

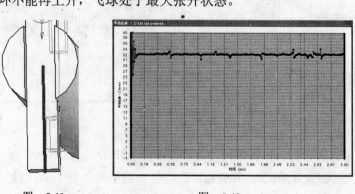

图 5.41　　　　　　　　　　　　图 5.42

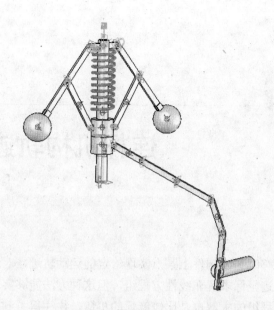

图　5.43

　　从这三种状态可见，当转速升高，节流阀使管道开启度减小，使进入原动机的工作介质减少。反之，当转速减小，节流阀开启增大，进入原动机的工作介质增多，从而可以调节系统的速度。

第6章

连杆机构轨迹

在机构设计中，有时需要构件上某点实现给定的运动轨迹，对这类问题，目前解决的方法一般是根据轨迹坐标求解非线性方程组，但这种方法能够实现的精确位置点数目有限，并且非线性方程组的求解也是比较麻烦的事情，往往得不到收敛的解。以前也有学者通过实验的方法，做出四杆机构模型，绘制出不同杆长组合时连杆上点的轨迹曲线，编制成图册，需要时对照图册查找相似的轨迹曲线。

本章建立四杆机构模型，仿真后可以显示机构上任意构件、任意点的轨迹曲线，改变各杆长度后，可以很方便地得到另外的一组轨迹曲线，通过与需要的运动轨迹比较，可以从中选出十分相似的曲线，这样，做出相同长度比例的四杆机构，就可以得到需要的机构。并且，还可以得到线位移、角位移、速度、加速度等运动参数，可以采用轨迹、曲线、Microsoft Excel 格式的数据文件等多种方法输出和显示结果。

6.1 工作原理

四杆机构如图 6.1 所示，由曲柄、连杆、摇杆、机架构成，各杆之间由铰链相连接。当曲柄转动时，连杆可以视为一个能够无限扩大的刚体，上面各点的轨迹将不同。并且，四杆的长度改变时，各点的轨迹也将改变。

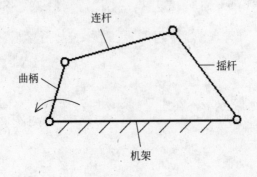

图 6.1

6.2　零件造型

运行 SolidWorks，选择【文件】/【新建】/【零件】命令，建立一个新零件文件，右击 FeatureManager 设计树中的【材质】，选择【编辑材料】命令，设置零件的材质，选用"普通碳钢"，按照图 6.2 中的尺寸绘制草图。退出草图后，拉伸，厚度为 5mm，以文件名"曲柄"保存该零件。

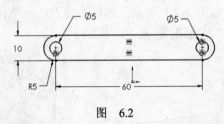

图　6.2

选择【文件】/【另存为】命令，把文件"曲柄"另外以"摇杆"保存，将其长度加长，如图 6.3 所示，得到零件摇杆。同样，得到机架，如图 6.4 所示。

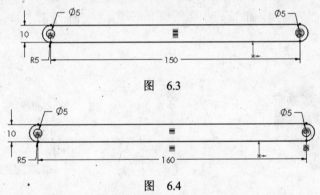

图　6.3

图　6.4

连杆草图如图 6.5 所示，将圆孔进行阵列复制，选择【工具】/【草图绘制工具】/【线性草图排列和复制】命令，设置参数如图 6.6 所示。

退出草图，拉伸得到连杆，如图 6.7 所示。这里为了得到连杆上不同位置的点轨迹，将连杆刚体扩大为一个布满孔的矩形。

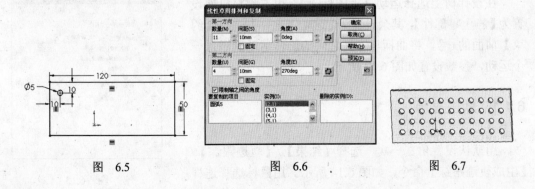

图　6.5　　　　　　　　　　图　6.6　　　　　　　　图　6.7

6.3　装　　配

选择【文件】/【新建】/【装配体】命令，建立一个新装配体文件，以文件名"连杆机构轨迹装配体"保存该文件。

把前面完成的零件机架、曲柄、连杆、摇杆添加进来，组成装配体，机架与曲柄先采用重合配合，如图 6.8 所示，然后将进行同轴心配合，如图 6.9 所示。曲柄与连杆所代表的板采用重合配合，如图 6.10 所示，然后与边上的一个孔同轴心配合，如图 6.11 所示。其他地方配合相类似，装配完毕，如图 6.12 所示。

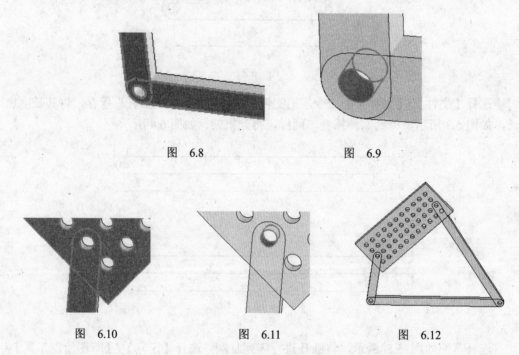

图　6.8　　　　　　　　　图　6.9

图　6.10　　　　　图　6.11　　　　　图　6.12

6.4　轨迹与运动参数显示

在设计树上选择运动分析图标 🖉 ，用右键将机架设置为【静止零部件】，其余设置为【运动零部件】。单击【约束】前面的+号，将曲柄与连杆之间的旋转运动副添加一个运动，参数设置如图 6.13 所示。

6.4.1　轨迹显示

用默认设置仿真一次。选择【结果】/【轨迹跟踪】/【生成轨迹跟踪】命令，如图 6.14 所示。用鼠标选择连杆

图　6.13

上面的孔，如图 6.15 所示，得到曲柄运动一周时，连杆上该点的运动轨迹，如图 6.16 所示。

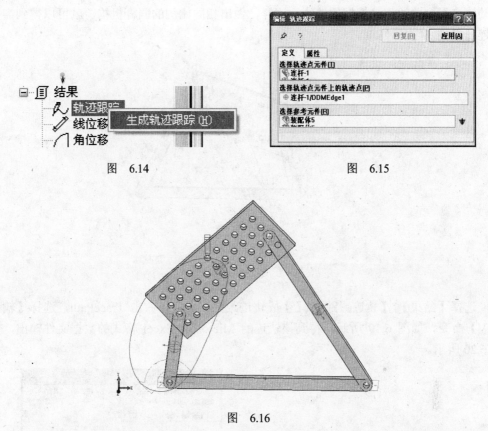

图 6.14   图 6.15

图 6.16

再次选择【结果】/【轨迹跟踪】/【生成轨迹跟踪】命令，用鼠标选择连杆上面的另一个孔，显示另一点的轨迹，同样可以选择曲柄、摇杆上面的点，如图 6.17 所示。

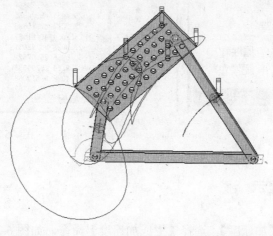

图 6.17

把摇杆的长度由 150 改变为 125，连杆长度也做出改变，各点的轨迹曲线将与以前不同，如图 6.18 所示。通过改变各杆长度，或选取连杆上的不同点，可以得到与需要的运动轨迹得到曲线十分相似的曲线，这样，做出相同比例的四杆机构，就可以得到需要的连杆机构。

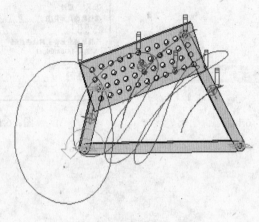

图 6.18

选择【结果】/【轨迹跟踪】/【生成轨迹跟踪】命令，右击 TracePath，选择【输出 CSV】命令，如图 6.19 所示，得到该轨迹的 Microsoft Excel 格式的数据文件输出，如图 6.20 所示。

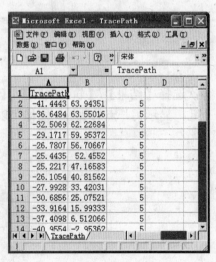

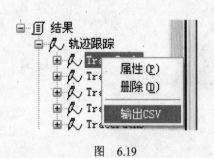

图　6.19　　　　　　　　图　6.20

6.4.2　运动参数显示

右击【结果】/【加速度】，选择【生成加速度】命令，如图 6.21 所示，用鼠标选择连杆上面的孔，得到连杆运动到该瞬时的时候，该孔点的加速度矢量箭头，描述加速度大小和方向，如图 6.22 所示。

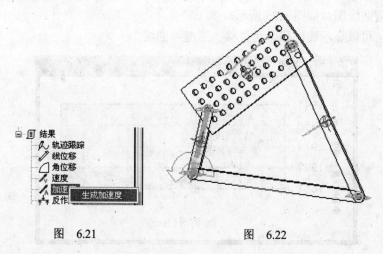

图 6.21   图 6.22

用鼠标拖动曲柄转动，可以显示另一位置时该点的加速度的矢量箭头，如图 6.23 所示。

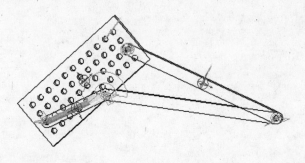

图 6.23

右击 AccelerationGraphic，选择【输出 CSV】命令，得到该点的 Microsoft Excel 格式的数据文件输出，显示该点在运动一周时，各位置加速度的 X、Y、Z 值以及幅值，如图 6.24 所示。

	A	B	C	D	E	F
1	AccelerationGraphic					
2	Time(sec)Linear Acceleration(mm/sec**2)					
3		X	Y	Z	Magnitude	
4	0	-1853.85	-1977.89	6.11E-13	2710.86888	
5	0.02	-2346.79	-2072.46	6.99E-13	3130.8938	
6	0.04	-2837.89	-2193.33	7.35E-13	3586.684696	
7	0.06	-3293.38	-2362.33	7.09E-13	4053.021835	
8	0.08	-3657.78	-2596.41	6.30E-13	4485.608145	
9	0.1	-3847.63	-2894.05	5.09E-13	4814.543556	
10	0.12	-3753.94	-3213.24	3.95E-13	4941.349452	
11	0.14	-3266.51	-3446.66	3.53E-13	4748.631724	
12	0.16	-2332.63	-3416.97	5.14E-13	4137.249337	
13	0.18	-1037.7	-2929.98	1.17E-12	3108.309334	
14	0.2	355.9187	-1900.59	1.80E-10	1933.631038	

图 6.24

右击 AccelerationGraphic，选择【绘制曲线】/【幅值】命令，得到运动一周时，该点加速度幅值曲线图，如图 6.25 所示。

同样地，可以显示线位移、角位移、速度等曲线。

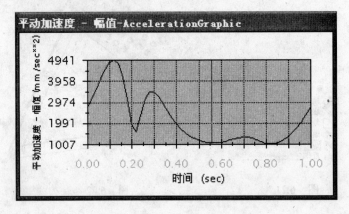

图　6.25

第 7 章

带传动模拟

本章介绍平带和三角带传动模拟和自顶向下的造型设计方法。

自下而上设计法是一种比较传统的方法，首先建立各个零件，然后在装配图中将其装配起来。对于一般相互结构关系及重建行为较为简单的机械设计，这种方法思路比较清楚，也很实用，但对于装配关系复杂的零部件设计，自顶向下的方法就是工程师的首选。

自顶向下的设计方法是先在一个装配图中绘制一个布局草图作为设计的开端，表示出各零件大小、大致形状及其相对位置，然后用菜单命令添加新零件，在装配图中，开始新零件的编辑和造型，此时装配图中的布局草图可见，可以通过将零件图草图的曲线与装配图布局草图曲线全等，将装配图布局草图曲线进行实体转换为零件图草图等方法，得到零件图的草图曲线，布局图、零部件之间尺寸参数、几何形状全自动完全相关，一旦修改其中一部分，其他与之相关的模型、尺寸等自动更新，不需要人工参与。

自顶向下的设计要注意几个状态，要注意区分是装配图状态、装配图布局草图还是某个零件的草图状态。在装配图状态下，才能通过【插入】/【零部件】/【新零件】命令添加新零件，对某个零件进行设计和编辑。当然，也可以通过快捷菜单【打开零件】命令，将装配图中某个零件转到零件图中去绘制或编辑。

本章通过带传动模拟设计，详细介绍了这种设计方法。可以看到，整个机构设计完成后，若编辑修改装配图布局草图，比如将带轮的直径改变、某个轮的安装位置尺寸改变，传动带的形状都将会自动改变，仍然保持和各轮相切等几何关系，还可以测量出带轮的包角。

通过本章，可见对带传动这种有柔性体零件的机械，零件形状相互依赖、相关，不容易独立地在零件图中绘制出草图形状，用自顶向下方法设计，先在装配图中绘制包含各零件形状、位置的布局草图，然后再转到零件图中详细绘制零件，是一种比较好的方法。

在仿真模拟部分，介绍了如何用耦合的方法，使得两个或多个带轮之间实现给定传动比转动。

7.1 工 作 原 理

带传动由固联于主动轴上的带轮（主动轮），固联于从动轴上的带轮（从动轮）和紧套在两轮上的传动带组成，如图 7.1 所示。当原动机驱动主动轮转动的时候，由于带和带轮间的摩擦，拖动从动轮一起转动，并传递一定的动力。带传动具有结构简单、传动平稳、造价低廉以及缓冲振动等特点，在机械传动中被广泛应用。

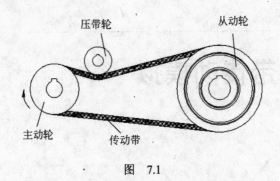

图　7.1

7.2　装配布局草图

选择【文件】/【新建】/【装配体】命令，建立一个新装配体文件，以文件名"带传动装配体"保存该文件。

选择【插入】/【草图绘制】命令，选择【前视基准面】，开始绘制装配布局草图。过坐标原点绘制一条 300mm 的中心线，然后绘制三个圆，尺寸标注如图 7.2 所示。

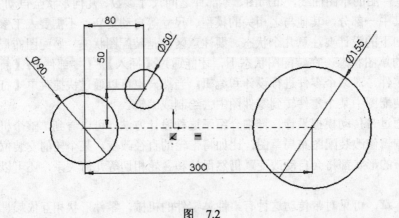

图　7.2

绘制一直线，按住 Ctrl 键，用鼠标选择直线和左端小圆，如图 7.3 所示，在左边的设计树中选择 ，添加相切几何关系，单击 确定。同样，选择直线和右端大圆，使直线和两圆都相切。

绘制另外两条直线，并使其与各圆相切，如图 7.4 所示，各切点应该出现相切的图标 。然后，选择【工具】/【草图绘制工具】/【剪裁】命令，将多余线段剪掉。

注意，与压带轮小圆相切的两线段应该放大图形后仔细剪裁，不能使两直线相交，否则不能形成封闭的轮廓，如图 7.5 所示。

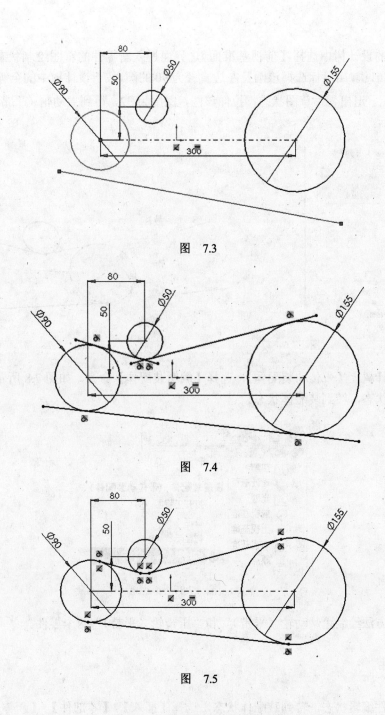

图　7.3

图　7.4

图　7.5

7.3　平带零件造型

7.3.1　平带轮

退出装配布局草图，选择【插入】/【零部件】/【新零件】命令，以文件名"主动轮（平带）"保存该文件。

在左边的设计树中选择【前视基准面】，界面进入新零件的草图绘制状态。绘制一个圆，按住 Ctrl 键，用鼠标选择该圆及左边直径为 90 的圆，按下设计树中的全等按钮，如图 7.6 所示。退出零件草图状态，拉伸该圆，深度为 32，得到主动轮（平带）的模型，如图 7.7 所示。

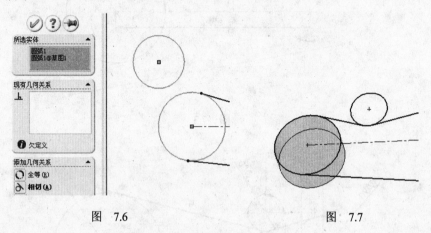

图　7.6　　　　　　　　　　　　　　　　　　图　7.7

右击设计树上【带传动装配体】，选择【编辑装配体】命令，如图 7.8 所示，界面退出零件编辑状态，转到装配体状态。

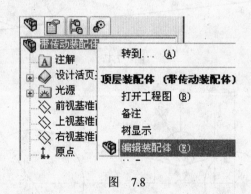

图　7.8

用同样方法绘制"从动轮（平带）"和"压带轮（平带）"两个零件。

7.3.2　平带

退出零件编辑状态，转到装配体状态，选择【插入】/【零部件】/【新零件】命令，以文件名"平带"保存该文件。

在左边的设计树中选择【前视基准面】，界面进入新零件的草图绘制状态。按住 Ctrl 键，用鼠标选择三个圆及与各直线段，选择【工具】/【草图绘制工具】/【转换实体引用】命令，将这些曲线转换为当前草图中的曲线。选择【工具】/【草图绘制工具】/【剪裁】命令，剪裁掉多余的线段，使当前草图中只剩下带的轮廓曲线。

退出零件草图状态，拉伸带的轮廓曲线，深度为 32，选中薄壁特征，厚度为 2，得到平带造型。

右击设计树上【平带传动装配体】，选择【编辑装配体】命令，退出零件编辑状态，转到装配体状态。在设计树上右击零件"平带"，选择【更改透明度】命令，如图 7.9 所示。

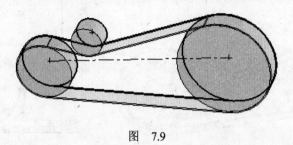

图   7.9

7.4   形状自动相关模拟

右击设计树上【主动轮（平带）】，选择【打开零件】命令，对该零件进行进一步编辑。同样对从动轮（平带）和压带轮进行编辑。选择【窗口】/【平带轮传动装配体】命令，返回装配图，如图 7.10 所示。

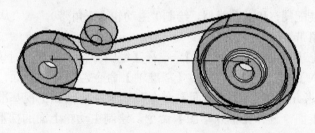

图   7.10

下面修改装配图布局草图，改变主动轮和压带轮的尺寸和安装位置。右击设计树上装配布局草图，如图 7.11 所示，选择【编辑草图】命令，将装配图草图中的尺寸标注进行修改，如图 7.12 所示。退出草图，整个装配图自动做出改变，如图 7.13 所示。

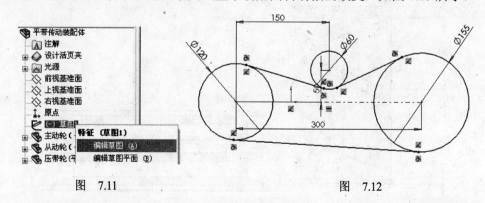

图   7.11   图   7.12

选择【工具】/【测量】命令，测量得到小带轮包角（192.92°），如图 7.14 所示。

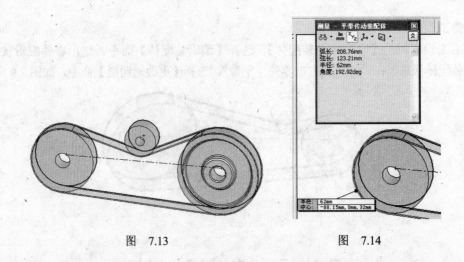

图 7.13   图 7.14

7.5 三角带零件造型

7.5.1 三角带轮

新建立一个装配图，和上面类似，绘制"主动轮（三角带）"、"从动轮（三角带）"和"压带轮（三角带）"。

右击设计树上【主动轮（三角带）】，选择【编辑零件】命令，对该零件进行进一步编辑。选择【插入】/【参考几何体】/【基准轴】命令，选择圆柱面，得到基准轴。选择【插入】/【参考几何体】/【基准面】命令，选择基准轴和上视基准面，得到一个基准面。右击该基准面，选择【插入草图】命令，绘制主动轮上面的梯形槽，注意添加足够的几何约束，如图 7.15 所示。

退出零件草图，选择【插入】/【切除】/【旋转】命令，旋转轴选择基准过轮中心的基准轴，切除得到主动轮上的轮槽，如图 7.16 所示。

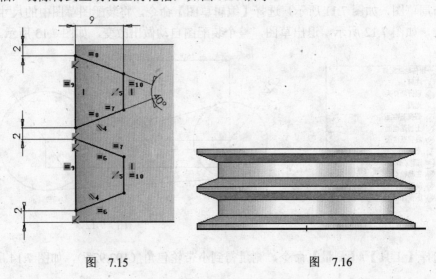

图   7.15   图   7.16

类似地，在从动轮上开槽，也可以在从动轮上做出与主动轮上类似的基准面。添加草图，将主动轮的轮槽曲线用实体转换到该草图上，然后选择【工具】/【草图绘制工具】/【移动或复制】命令，将其移动到正确位置，旋转切制出从动轮上的轮槽。

编辑各轮，添加必要的轴孔等特征。

7.5.2　三角带

同前面平带一样，先用实体转换得到带的轮廓曲线，这里由于是三角形截面，先做一个基准面。选择【插入】/【参考几何体】/【基准面】命令，选择上视基准面和零件"主动轮（三角带）"中的基准轴，这个基准和主动轮上的轮槽草图在一个平面，选择主动轮上的轮槽草图，选择【工具】/【草图绘制工具】/【转换实体引用】命令，将这些轮槽转换为当前草图中的曲线。最后，选择【插入】/【凸台/基体】/【扫描】命令，选择转换得到的轮槽作为轮廓，带的轮廓曲线作为路径，就得到了三角带造型。右击三角带，在菜单中选择更改透明度，并给其外观添加纹理，这样就得到了三角带传动的装配图，如图 7.17 所示。

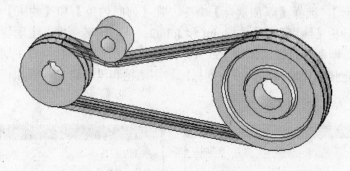

图　7.17

7.6　仿　真

在设计树上选择运动分析图标 📎 ，将三角带设置为【静止零部件】。

7.6.1　添加约束和运动

单击【约束】前面的+号，右击【约束】，选择【添加旋转副】命令，第一个部件选择主动轮（三角带），第二个部件选择栏目右边的 ⫣ ，然后选择主动轮轴孔圆周，将主动轮与装配体之间添加了旋转副 Joint，注意主动轮为顺时针方向转动，如图 7.18 所示。并且给该旋转副添加一个运动，如图 7.19 所示。

类似地，将从动轮（三角带）和压带轮（三角带）轮各添加一个旋转副。

图　7.18　　　　　　　　　　　　　　图　7.19

7.6.2　添加耦合

右击【耦合】，选择【添加耦合】命令，在【何时约束】和【约束】栏，用鼠标分别选择右边设计树【约束】下面的 Joint 和 Joint2。从动轮转一度，主动轮转动角度为带传动的传动比，即两轮直径的比值 155:90，如图 7.20 所示，这样，将主动轮和从动轮之间添加了一个定传动比的转动关系。同样，将主动轮和压带轮之间添加一个 50:90 的耦合，如图 7.21 所示。

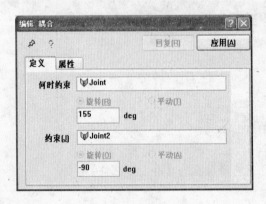

图　7.20　　　　　　　　　　　　　　图　7.21

7.6.3　运动仿真模拟

仿真时间设置为 2s，帧的数目设置为 200。在工具栏上按下 ⊞，进行仿真，可见主动轮、从动轮、压带轮按照给定的传动比进行转动，如图 7.22 所示。各轮角速度曲线如图 7.23 所示，与耦合关系一致。

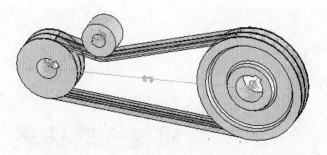

图　7.22

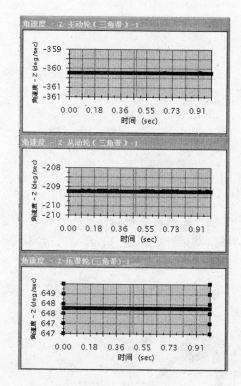

图　7.23

第 8 章

机械式转速表

本章通过机械式转速表的建模，介绍了在零件上显示刻度和文字等建模方法；通过曲线图和样机运转，仿真了机械以不同转速运转时，转速表指针对应的转动角度。

8.1 工 作 原 理

机械式转速表利用不同的转速产生不同的离心力，使指针标明其转动速度。机械式转速表模型如图 8.1 所示，当转轴转动时，与转轴固联的底座 1 带动连杆和底座 2 一起旋转，在连杆离心惯性力作用下，底座 2 带动移动环一起向下运动，随着转速的不同，离心力的大小不同，移动环推动指针绕表盘中心转动，指向不同位置。当弹簧刚度适当时，就可以使指针指示一定范围内的不同转速。

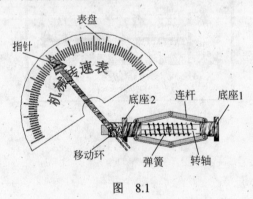

图 8.1

8.2 零 件 造 型

1. 转轴

运行 SolidWorks，选择【文件】/【新建】/【零件】命令，建立一个新零件文件。右击 FeatureManager 设计树中的【材质】，选择【编辑材料】命令，设置零件的材质，选用"普通碳钢"。在草图上绘制一直径 40mm 的圆，退出草图，拉伸，厚度为 500mm。

以文件名"转轴"保存该零件，如图 8.2 所示。

2．连杆

在草图上绘制连杆如图 8.3 所示，退出草图，拉伸，厚度为 10mm。

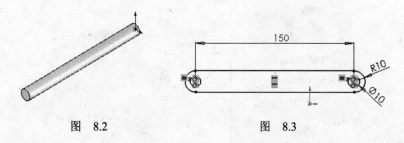

图 8.2   图 8.3

3．指针

绘制指针草图如图 8.4 所示，退出草图，拉伸，厚度为 10mm，得到指针零件，如图 8.5 所示。

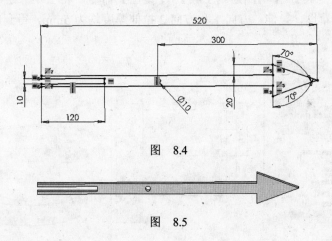

图 8.4

图 8.5

4．底座

按照图 8.6 中的尺寸绘制草图，退出草图，选择【插入】/【凸台/基体】/【旋转】命令，绕中心线旋转，选择【插入】/【参考几何体】/【基准轴】命令，选择旋转体表面，建立一基准轴，如图 8.7 所示。

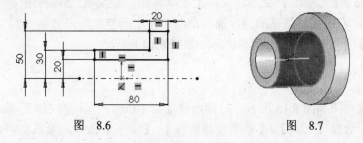

图 8.6   图 8.7

选择【插入】/【参考几何体】/【基准面】命令，选择基准轴和前视基准面，得到一基准面，如图 8.8 所示。

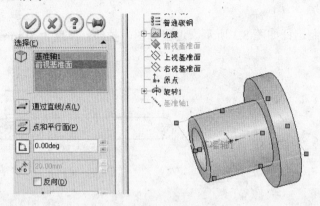

图　8.8

右键选择该基准面，插入草图，在上面绘制图形如图 8.9 所示。用中心线绘制对称轴，然后选择【工具】/【草图绘制工具】/【镜像】命令，将上半部绘制的图形镜像复制到下面，退出草图，拉伸，方向 1 和方向 2 拉伸厚度均为 5mm，得到底座，如图 8.10 所示。

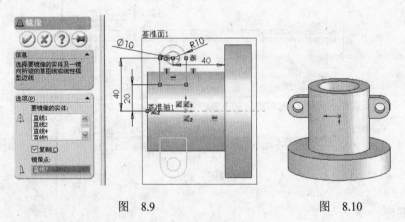

图　8.9　　　　　　　　　　　　　　　图　8.10

5. 移动环

绘制移动环草图如图 8.11 所示，退出草图，拉伸，厚度为 60mm，选择【插入】/【参考几何体】/【基准面】命令，选择上视基准面，距离其 20mm 创建一基准面，如图 8.12 所示。右键选择该基准面，插入草图，在上面绘制图形如图 8.13 所示，退出草图，拉伸，厚度为 20mm。得到移动环，如图 8.14 所示。

6. 表盘

绘制表盘草图如图 8.15 所示，拉伸，厚度为 10mm，在端面右击，插入草图，绘制一个半圆弧。选择【工具】/【草图绘制实体】/【文字】命令，输入文字，选择该圆弧

作为文字分布位置曲线，选择【字体】，设置字体格式，如图 8.16 所示。选择【插入】/
【切除】/【拉伸】命令，厚度为 5mm，得到在表盘上刻出的文字，如图 8.17 所示。

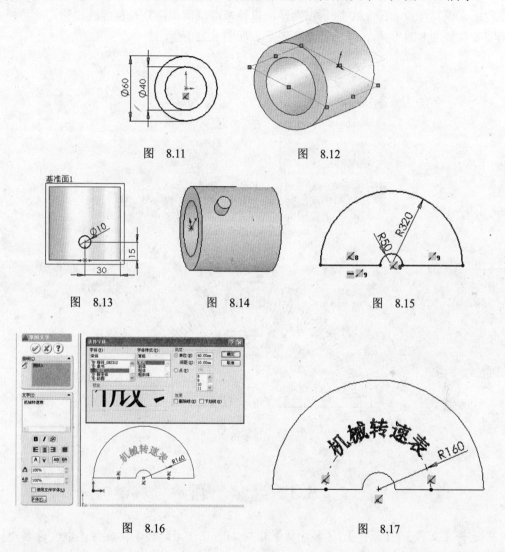

图 8.11　　　　　　　　图 8.12

图 8.13　　　　　　图 8.14　　　　　　图 8.15

图 8.16　　　　　　　　　图 8.17

再次在端面右击，插入另一草图，绘制草图如图 8.18 所示，退出草图。选择【插入】/【切除】/【拉伸】命令，完全贯穿，薄壁特征，厚度为 3mm，在表盘上刻出短一道刻度线，退出草图。

重复上述步骤，但绘制草图如图 8.19 所示，在表盘上刻出长的一道刻度线。

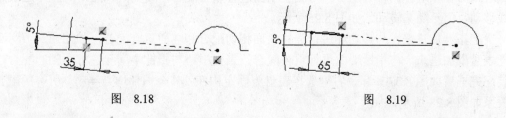

图 8.18　　　　　　　　　图 8.19

选择【插入】/【参考几何体】/【基准轴】命令，表盘圆柱面，在圆心插入一基准轴。选择【插入】/【阵列】/【圆周阵列】命令，以该基准轴圆周阵列短刻度线拉伸切除特征，填写参数如图 8.20 所示。同样，以该基准轴圆周阵列长刻度线拉伸切除特征，填写参数如图 8.21 所示。最后，得到表盘，如图 8.22 所示。

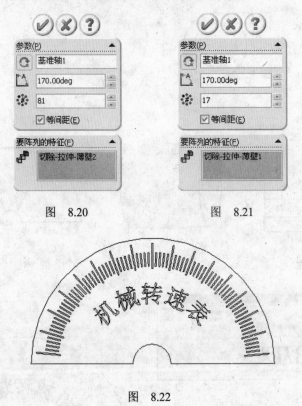

图　8.20　　　　　　　　　　　　图　8.21

图　8.22

8.3　装　　配

选择【文件】/【新建】/【装配体】命令，建立一个新装配体文件，以文件名"机械式转速表装配体"保存该文件。

将前面完成的零件底座添加进来，再把转轴添加进来，将其端面重合配合，然后进行同心配合。再次把底座添加进来，与转轴进行同心配合，如图 8.23 所示。

把连杆加进来四次，与底座进行重合配合和同心配合，如图 8.24 所示。把移动环添加进来与转轴进行同轴心配合，与底座端面进行重合配合，使其可以随着底座一起沿轴线移动，但不随其转动，如图 8.25 所示。

把指针加进来，与移动环进行圆柱表面相切配合和端面重合配合，如图 8.26 所示。把表盘添加进来，与指针端面进行重合配合，表盘中心与指针中间孔进行同轴心配合，装配完毕后如图 8.27 所示，右键选择表盘为固定构件，其余构件均为浮动。所有的配合关系如图 8.28 所示。

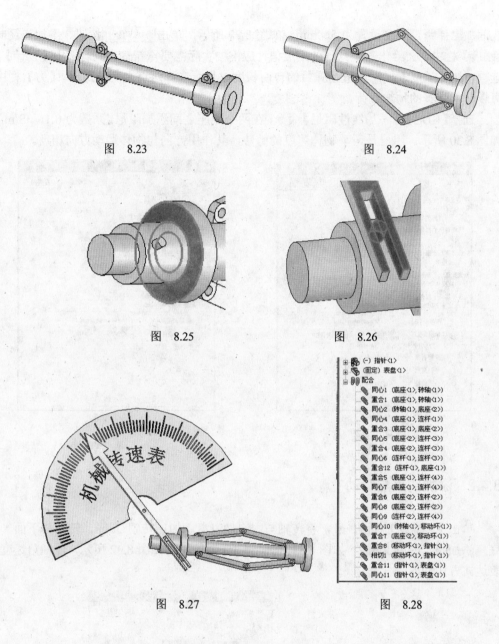

图　8.23

图　8.24

图　8.25

图　8.26

图　8.27

图　8.28

8.4　仿　真

在设计树上选择运动分析图标，选择该图标，用右键将表盘设置为【静止零部件】，其余设置为【运动零部件】。

8.4.1　添加弹簧和阻尼

单击【力】前面的+号，右击，选择【弹簧】/【添加线性弹簧】命令，在两个底座之间加上弹簧，刚度设置为 5N/mm，如图 8.29 所示，单击 **应用(A)** 按钮。添加弹簧时，【刚度】栏中，会给出一个默认的刚度值，应根据实际需要重新输入。若选中【设计】复选框，则【长度】栏中的值为弹簧的自由长度，是所选择两点之间的距离。【力】栏中，可以输入弹簧的预加载荷。

选择【阻尼】/【添加线性阻尼】命令，在两个底座之间添加阻尼，系数为 0.1N·S/mm，如图 8.30 所示。阻尼是运动物体速度的函数，其作用方向与物体运动方向相反。

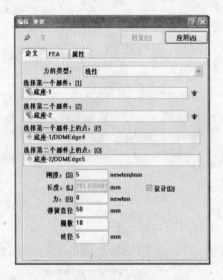

图 8.29

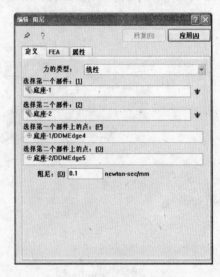

图 8.30

8.4.2 添加约束与驱动

单击【约束】前面的+号，将转轴与固定件表盘添加旋转副 Joint，转轴与下面一个底座添加固定约束 Joint2，如图 8.31 所示。Joint 添加驱动如图 8.32 所示，转轴角速度用表达式方式输入：

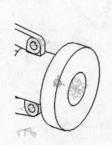

图 8.31

图 8.32

```
STEP(TIME,0,0D,1,2500D) + STEP(TIME,2,0D,3,7200D) + STEP(TIME,4,0D,5,
- 2500D) + STEP(TIME,6,0D,7,-7200D)
```

其中，2500D 表示转轴每秒转动 2500°。若不加 D，则为弧度。STEP 函数相加实现的运动后面将做详细解释。

STEP 函数格式：STEP (x, x0, h0, x1, h1)，生成区间(x0, h0)至（ x1, h1）的阶梯曲线，x 为自变量，可以是时间函数。两个 STEP 函数相加，第二个 step 函数的 Y 值是相对第一个 step 的增加值，不是绝对值。

8.4.3　仿真分析

仿真时间设置为 7s，帧的数目设置为 200。

在工具栏上按下 🔲，进行仿真。仿真完毕后，右击，选择【转轴】/【绘制曲线】/【角速度】/【X 轴分量】命令，绘制转轴角速度曲线，如图 8.33 所示。右击，选择【结果】/【角位移】/【生成角位移】命令，选择指针的长边和表盘的直线边，角的中心点选择圆心，生成指针的角位移 Adisplacement，右击 Adisplacement，选择【曲线幅值】命令，绘制指针的角位移曲线，如图 8.34 所示。

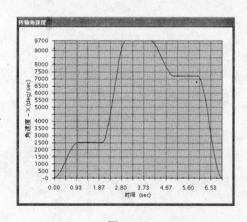

图　8.33

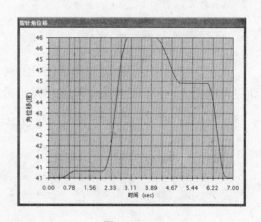

图　8.34

对照前面转轴角速度表达式 STEP 函数，观测机构仿真运转情况如下：

- 0~1s：转轴转速由 0 升到 2500°/s，当时间为 1s 时，机构位置如图 8.35 所示。
- 1~2s：转轴转速保持 2500°/s。
- 2~3s：转轴转速由 2500 升到 2500+7200=9700°/s，当时间为 3s 时，机构位置如图 8.36 所示。
- 3~4s：转轴转速保持 9700°/s。
- 4~5s：转轴转速由 9700°/s 下降为 9700−2500=7200°/s，当时间为 5s 时，机构位置如图 8.37 所示。
- 5~6s：转轴转速保持 7200°/s。

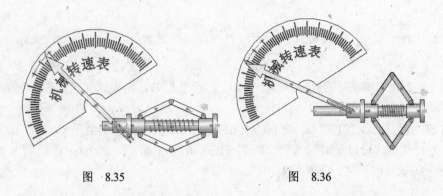

图 8.35   图 8.36

- 6～7s：转轴转速由 7200°/s 下降为 7200–7200=0°/s，即静止，当时间为 7s 时，机构位置如图 8.38 所示。

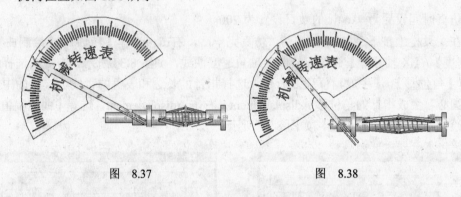

图 8.37   图 8.38

从仿真情况来看，还可以用在指针与转轴间增加更多杆件的方法，使得指针转动的角度范围更大，得到更准确的机构转速读数，读者可以对此加以进一步研究。

第9章

超越离合器模拟

超越离合器的超越特性广泛应用于内燃机等启动装置中，本章模拟摩擦滚动元件式超越离合器的单向转动、反向空转和超越转动几种工作状态，利用零件之间碰撞和摩擦，实现超越离合器主动棘轮带动从动外壳单向转动。

9.1 工 作 原 理

超越离合器主要由棘轮、外壳、顶柱、滚柱等零件组成，如图 9.1 所示。当主动件棘轮顺时针转动时，由于棘轮、滚柱和外壳之间的挤压和摩擦，带动从动件外壳一起顺时针转动，当外壳转速超过棘轮时，起到超越离合器的作用。当棘轮逆时针转动时，外壳不动。

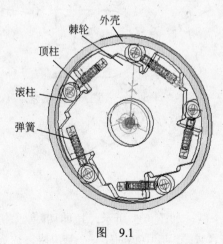

图 9.1

9.2 零 件 造 型

1. 棘轮

绘制棘轮的一个轮齿的草图，并标注尺寸，如图 9.2 所示，注意线段之间的几何约束关系。然后选择【工具】/【草图绘制工具】/【圆周草图排列和复制】命令，将该轮齿的线段圆周排列和复制，如图 9.3 所示，剪掉多余的圆弧，如图 9.4 所示。退出草图，拉伸，厚度为 10mm。

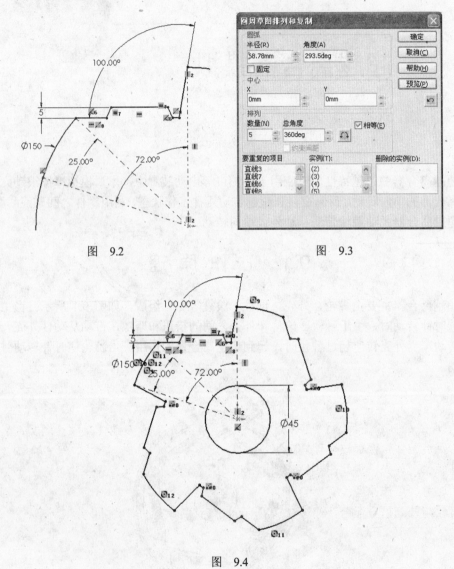

图　9.2　　　　　　　　　　　　图　9.3

图　9.4

在棘轮的端面绘制一个圆，如图 9.5 所示，拉伸切除，深度为 30mm，得到装弹簧的孔，如图 9.6 所示。然后在棘轮轴孔中心创建一个基准轴，选择【插入】/【阵列/镜像】/【圆周阵列】命令，将拉伸切除特征阵列五个，得到棘轮，如图 9.7 所示。

2. 顶柱、滚柱、外壳

绘制一个直径为 8mm，高为 30mm 的圆柱体，选择【插入】/【特征】/【抽壳】命令，选择圆柱体的端面进行抽壳，厚度为 2mm。得到零件顶柱，如图 9.8 所示。

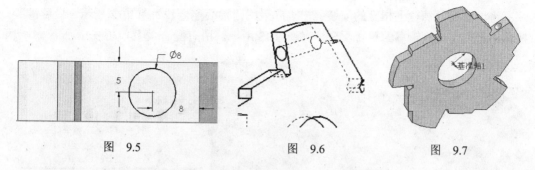

图 9.5　　　　　　　　图 9.6　　　　　　　　图 9.7

绘制一个直径为 18mm，高为 10mm 的圆柱体，得到零件滚柱。

绘制一个圆环。退出草图，拉伸，距离为 10mm，得到零件外壳，如图 9.9 所示。

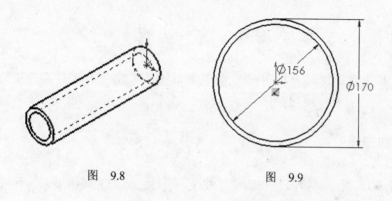

图 9.8　　　　　　　　　　图 9.9

9.3　装　　配

选择【文件】/【新建】/【装配体】命令，建立一个新装配体文件，以文件名"超越离合器装配体"保存该文件。

将棘轮、外壳、顶柱、滚柱添加进来，为了减少仿真时间，这里只加入一个顶柱和滚柱，这对其工作原理没有影响。

棘轮与外壳重合配合，如图 9.10 所示，然后同轴心配合，如图 9.11 所示。

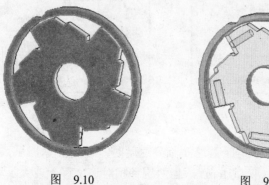

图　9.10　　　　　　　　　　图　9.11

将顶柱插入棘轮上相应的安装孔中，并采用同轴心配合，如图 9.12 所示。最后将滚柱添加进来，与棘轮端面重合配合，如图 9.13 所示。所有配合关系如图 9.14 所示。

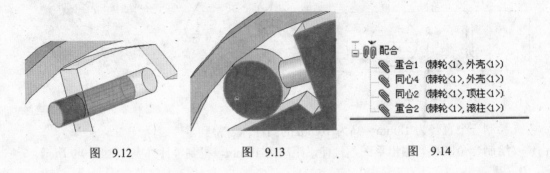

图 9.12　　　　　　　图 9.13　　　　　　　图 9.14

9.4 仿　真

在设计树上选择运动分析图标 ，选择该图标，将所有零件都设置为【运动零部件】。

9.4.1 添加碰撞

按照图 9.15 所示，给滚柱和棘轮、外壳、顶柱之间添加碰撞关系，并按照图 9.16 设置碰撞特性，添加三维碰撞体之间的摩擦。

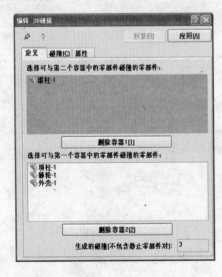

图 9.15

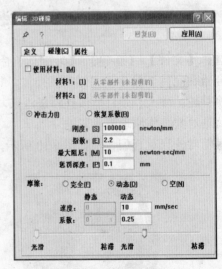

图 9.16

当两构件相对速度小于或等于静摩擦临界速度时，使用静摩擦系数（其值为 0～1 之间），静摩擦临界速度可以取 0.1mm /s；当两构件相对速度等于或大于动摩擦临界速度时，使用动摩擦系数（其值为 0～1 之间），动摩擦临界速度可以取 10mm /s。

9.4.2 添加弹簧

在顶柱和棘轮之间添加一个线性弹簧，参数设置如图 9.17 所示。使顶柱和滚柱之间有一个适当的压紧力，使得滚柱和棘轮、外壳之间保持接触。在 SolidWorks 中右击零件顶柱和滚柱，更改其透明度，如图 9.18 所示。

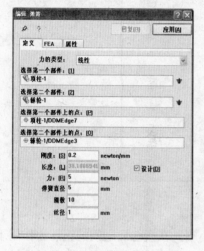

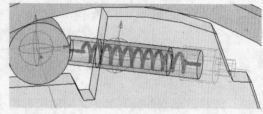

图 9.17　　　　　　　　　　　　　　　图 9.18

9.4.3 单向转动

单击【约束】前面的+号，右击【约束】，选择【添加旋转副】命令。第一个部件选择棘轮的轴孔圆周，第二个部件选择栏目右边的 ▼，将棘轮与装配体之间添加了旋转副 Joint。在【定义】选项卡中，使用【选择方向】右边的 ✎ 来调整旋转方向，使其为顺时针方向转动，如图 9.19 所示。并且给该旋转副添加一个运动，如图 9.20 所示。

图 9.19　　　　　　　　　　　　　　　图 9.20

类似地，将外壳与装配体之间添加旋转副，使其为顺时针方向转动，设置摩擦，模拟外壳上的工作阻力，如图 9.21 所示，但不添加运动。

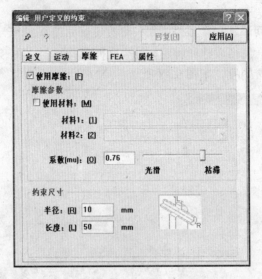

图　9.21

此时，滚柱滚动到外壳与棘轮之间的楔形的小端，在接触面之间的正压力作用下，产生摩擦力，使得棘轮、外壳、滚柱一起运动，主动件棘轮带动外壳一起顺时针转动。初始位置如图 9.22 所示，转动后如图 9.23 所示。

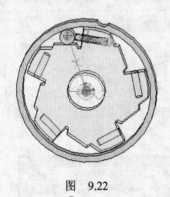

图　9.22

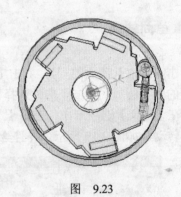

图　9.23

9.4.4　反向空转

右击棘轮与装配体之间旋转副 Joint，在【定义】选项卡中，按下【选择方向】右边的，改变棘轮旋转方向，使其为逆时针方向转动。其余不变。

此时，滚柱滚动到外壳与棘轮之间的楔形的大端，滚柱和棘轮、外壳之间没有正压力，主动件棘轮反向空转，外壳静止不动。初始位置如图 9.24 所示，转动后如图 9.25 所示。

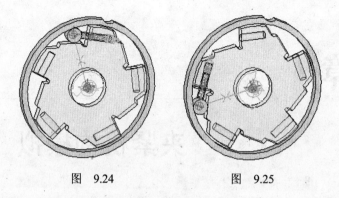

图　9.24　　　　　　　　图　9.25

9.4.5　超越转动

右击棘轮与装配体之间旋转副 Joint，在【定义】选项卡中，按下【选择方向】右边的 ✎，改变棘轮旋转方向，使其为顺时针方向转动。

将外壳与装配体之间的旋转副添加一个运动，顺时针方向转动，转动角速度为 720°/s，如图 9.26 所示，大于棘轮角速度 360°/s。此时，由于外壳相对棘轮顺时针转动，滚柱滚动到外壳与棘轮之间的楔形的大端，滚柱和棘轮、外壳之间没有正压力，外壳超越棘轮顺时针转动。初始位置如图 9.27 所示，转动后如图 9.28 所示。

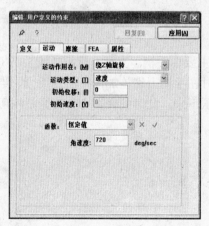

图　9.26

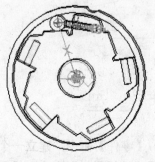 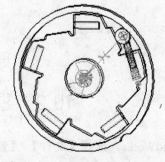

图　9.27　　　　　　　　图　9.28

第 10 章

夹紧机构模拟

夹紧机构是机械设计中常用的工具，计算夹紧机构能够产生的夹持力需要进行比较复杂的力学计算，并且夹紧机构的设计若不合理，将会产生构件之间的干涉等问题。本章通过夹紧机构的三维造型，进行运动模拟，可以初步判断夹紧机构设计的尺寸是否合理，然后通过修改夹紧机构的设计尺寸，仿真模拟后，找出在相同手柄下压力时，夹紧机构所能够产生的较大夹持力。

10.1 工 作 原 理

图 10.1 所示夹紧机构主要由手柄、支杆、枢板、钩头、机架组成，拉簧的弹力模拟夹紧机构的夹持力，工作时在手柄上端施加向下的作用力，当作用力足够大时，将能够克服弹簧的拉力而将手柄压下来，此时的弹簧力为夹紧机构所能够产生的夹持力。

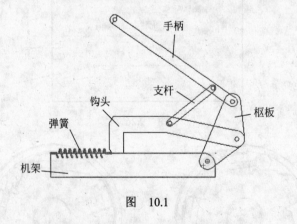

图 10.1

10.2 零 件 造 型

运行 SolidWorks，选择【文件】/【新建】/【零件】命令，建立一个新零件文件。右击 FeatureManager 设计树中的【材质】，选择【编辑材料】命令，设置零件的材质，选用"普通碳钢"。按照图 10.2 中的尺寸绘制草图，退出草图，拉伸，厚度为 5mm。以文件名"手柄"保存该零件。在端面插入草图，绘制一条直线，如图 10.3 所示，选择【插入】/【曲线】/【分割线】命令，在表面绘制一条直线，供手柄施加力的参考线。

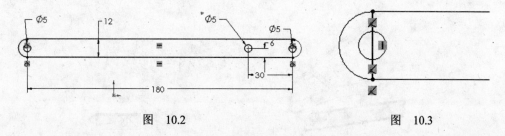

图 10.2　　　　　　　　　　　　　　　　图 10.3

选择【文件】/【另存为】命令，把文件"手柄"另外以"支杆"保存，修改草图，如图 10.4 所示。退出草图，拉伸，厚度为 5mm，得到零件支杆。同样，得到零件机架，如图 10.5 所示，零件枢板如图 10.6 所示，零件钩头如图 10.7 所示。拉伸厚度均为 5mm。

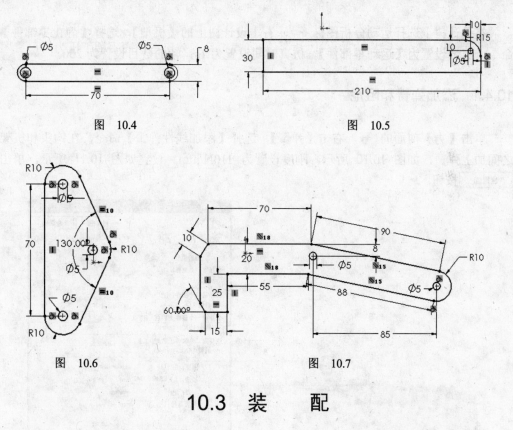

图 10.4　　　　　　　　　　　图 10.5

图 10.6　　　　　　　　　　　图 10.7

10.3 装　　配

选择【文件】/【新建】/【装配体】命令，建立一个新装配体文件，以文件名"夹紧机构模拟装配体"保存该文件。

把前面完成的零件手柄、支杆、钩头、机架添加进来，组成装配体，各构件之间用重合配合使其在同一个平面，用同心配合使各杆件在孔中心连接起来，如图 10.8 所示。

将钩头和机架的端面添加重合配合，如图 10.9 所示，完成后右键选择该配合，将其压缩，这样即使钩头和机架处于正确的位置，又不约束其运动。

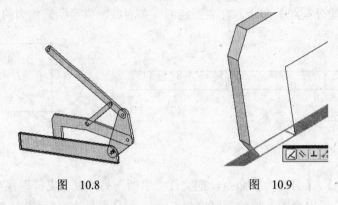

图　10.8　　　　　　　　　　　　图　10.9

10.4　仿　真　设　置

在设计树上选择运动分析图标 ，右击设计树上的【机架】，选择【静止零部件】命令，其余设置为【运动零部件】。仿真时间设置为 1s，帧的数目设置为 200。

10.4.1　添加弹簧和阻尼

单击【力】前面的+号，右击【弹簧】，选择【添加线性弹簧】命令，在钩头和机架之间加上弹簧，如图 10.10 所示，刚度设置为 110N/mm，设置如图 10.11 所示，单击 应用(A) 按钮。

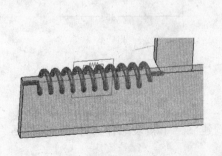

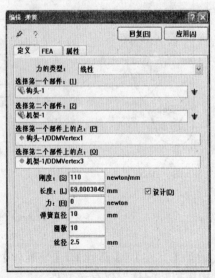

图　10.10　　　　　　　　　　　　图　10.11

右击【力】/【阻尼】，选择【添加线性阻尼】命令，在轴环和立轴之间添加阻尼，系数为 0.5N・S/mm，设置如图 10.12 所示。

10.4.2　添加作用力

右击【力】/【单作用力】，选择【添加单作用力】命令，在手柄端部添加作用力，如图 10.13 所示，力的方向选择手柄端面的分割线，在运动过程中将始终与手柄垂直。参数设置如图 10.14 所示，大小设置为 80N。

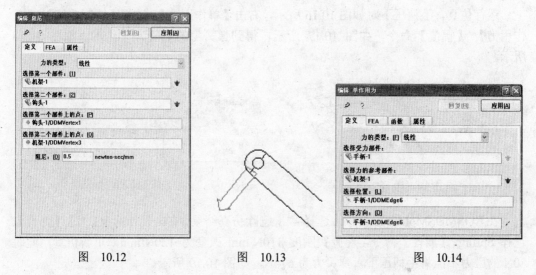

图　10.12　　　　　　　图　10.13　　　　　　　图　10.14

10.4.3　添加碰撞

右击【约束】/【碰撞】，选择【添加 3D 碰撞】命令，分别选择钩头和机架，定义碰撞参数如图 10.15 所示，单击　应用(A)　按钮。在钩头和机架之间添加碰撞。

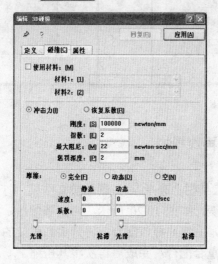

图　10.15

10.5　夹持力模拟

在两种不同机构尺寸下模拟夹持力。

10.5.1　夹持力模拟

运行仿真，手柄压下时如图 10.16 所示，右击【单作用力】，选择【绘制曲线】/【反作用力】/【幅值】命令，如图 10.17 所示，得到弹簧力的幅值为 1070N，如图 10.18 所示。

<table>
<tr><td>图　10.16</td><td>图　10.17</td></tr>
</table>

在 COSMOSMotion 工具栏上选择　，删除仿真结果，右击设计树中【力】/【弹簧】，选择 Spring/【属性】命令，将弹簧刚度 110N/mm 改变为 120N/mm，重新仿真，此时 80N 的压力不能将手柄压下，弹簧力为 674N，如图 10.19 所示。

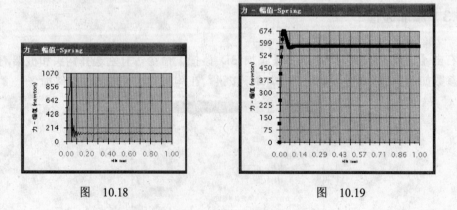

<table>
<tr><td>图　10.18</td><td>图　10.19</td></tr>
</table>

10.5.2　改变零件尺寸再次模拟

在 COSMOSMotion 工具栏上选择　，删除仿真结果。打开枢板零件文件，将草图的垂直尺寸和夹角做出改变，如图 10.20 所示。回到装配图，此时钩头和机架的接触面不再重合，为了使其恢复，右键选择该配合，将钩头和机架的端面重合配合压缩状态取消，钩头和机架重新完成重合配合，完成后再次将其压缩。

重新仿真，此时弹簧刚度为 120N/mm，80N 的压力可以将手柄压下，弹簧力为 953N，如图 10.21 所示。

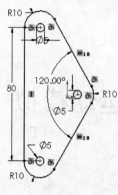

图 10.20

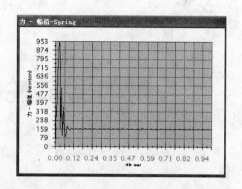

图 10.21

在 COSMOSMotion 工具栏上选择 圖 ，删除仿真结果，进一步将弹簧刚度加大为 180N/mm，此时 80N 的压力不能将手柄压下。

减小弹簧刚度为 175N/mm，此时能够将手柄压下，如图 10.22 所示，弹簧力为 1387N，如图 10.23 所示，即在这种尺寸下夹紧机构能够产生 1387N 的夹持力。

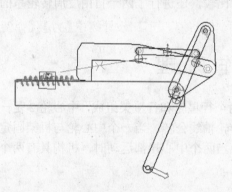

图 10.22

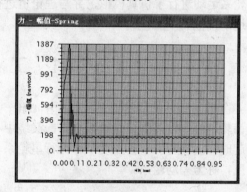

图 10.23

第11章

周转轮系运动模拟

周转轮系具有传递的功率较大，可以用较少的齿轮实现较大的传动比等优点，广泛应用于各种变速机构中。

本章利用前面"齿轮造型与传动模拟"一章中介绍的 VBA 对 SolidWorks 二次开发程序实现齿轮造型，讲述了内齿轮的造型，对三维碰撞接触状态下一个和两个自由度周转轮系运动进行了仿真模拟，并与理论值进行比较，还进行了两个自由度周转轮系的耦合运动模拟。

11.1 工 作 原 理

图 11.1 所示的周转轮系由两个中心轮、两个行星轮和行星架组成，中心轮 2 是一个内齿轮，行星轮既绕自身轴线自转，又绕中心轮轴线公转。当一个中心轮与机架固定在一起时，机构有一个自由度，称为行星轮系，当两个中心轮都运动时，机构具有两个自由度，称为差动轮系。

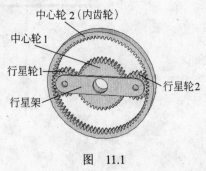

图　11.1

11.2 零 件 造 型

11.2.1　外齿轮造型

运行 SolidWorks，选择【文件】/【新建】/【零件】命令，建立一个新零件文件。

右击 FeatureManager 设计树中的【材质】，选择【编辑材料】命令，设置零件的材质，选用"普通碳钢"。以文件名"中心轮 1"保存该零件。

选择【工具】/【宏】/【编辑】命令，打开前面"齿轮造型与传动模拟"一章中完成的程序"齿轮造型.swp"。

双击选择 VBA 右边的【工程资源管理器】中的 UserForm1，选择【运行】/【运行子过程/用户窗体】命令，执行该程序，出现运行中的窗体，中心轮 1 的齿数设为 Z1=40，模数 M=4mm，压力角α=20 度，填写齿轮参数如图 11.2 所示。单击【确定】按钮，在 SolidWorks 中绘制两个草图，将草图 1 的齿轮顶圆进行编辑，标注如图 11.3 所示，然后拉伸为厚度为 40mm 的柱体，并在柱体中心添加一基准轴。

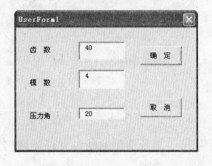

图　11.2

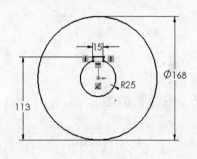

图　11.3

将草图 2 的齿槽轮廓拉伸切除该齿轮顶圆柱体，然后将该拉伸切除特征绕基准轴圆周阵列 40 个，就得到了中心轮 1，如图 11.4 所示。

齿轮造型详见"齿轮造型与传动模拟"一章。

新建一个零件文件"行星轮"，再次运行程序"齿轮造型.swp"，填写齿数 Z2=20，模数 M=4mm，压力角α=20 度，像前面一样，将草图 1 的齿轮顶圆进行编辑，标注如图 11.5 所示，然后拉伸为厚度 40mm 的柱体，在柱体中心添加一基准轴。将草图 2 的齿槽轮廓拉伸切除该齿轮顶圆柱体，然后将该拉伸切除特征绕基准轴圆周阵列 20 个，就得到了行星轮，如图 11.6 所示。

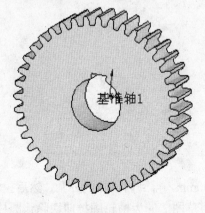

图　11.4

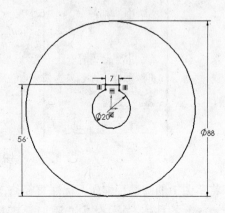

图　11.5

新建一个零件文件"行星架"，绘制草图如图 11.7 所示，根据两齿轮中心距公式，中心轮 1 和行星轮的中心距为 4×(40+20)/2=120mm。退出草图，拉伸，厚度为 10mm。

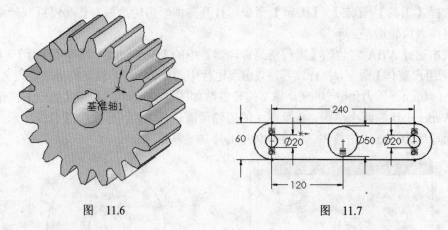

图 11.6   图 11.7

11.2.2　内齿轮造型

新建一个零件文件"中心轮 2"，再次运行程序"齿轮造型.swp"，填写齿数 Z3=80，模数 M=4mm，压力角α=20 度。绘制了一个圆和齿槽轮廓。

右击 FeatureManager 设计树上的草图 2，切换到编辑状态，选择【工具】/【草图绘制工具】/【移动或复制】命令，用鼠标选择整个齿槽轮廓，填写移动距离为 320mm。这里，齿槽轮廓向下移动为分度圆直径 D=ZM=80×4=320，如图 11.8 所示。

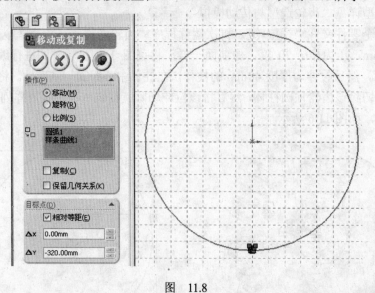

图 11.8

将草图 1 的圆进行编辑，标注直径修改为 360mm，得到内齿轮的外圆，然后拉伸为厚度 40mm 的柱体，在柱体中心添加一基准轴。将草图 2 的齿槽轮廓拉伸切除该圆柱体，然后将该拉伸切除特征绕基准轴圆周阵列 80 个，如图 11.9 所示。

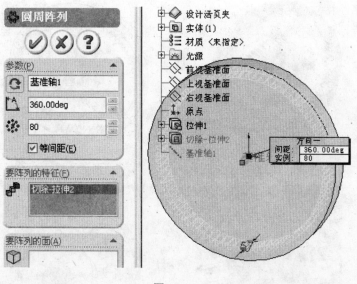

图 11.9

在圆柱体端面插入一个草图，绘制图 11.10 所示一个圆，然后拉伸切除该圆，就得到了内齿轮造型，如图 11.11 所示。

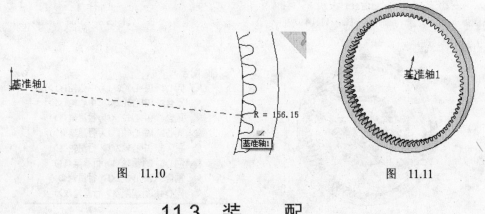

图 11.10   图 11.11

11.3 装　　配

选择【文件】/【新建】/【装配体】命令，建立一个新装配体文件，以文件名"周转轮系装配体"保存该文件。

将前面完成的零件中心轮 1、中心轮 2、行星轮、行星架添加进来，中心轮 1 和中心轮 2 进行端面重合配合，小中心轮 1 轴孔与大中心轮 2 外圆柱面同轴心配合，如图 11.12 所示。行星架与中心轮 1 端面重合配合，如图 11.13 所示。

行星轮与中心轮 2 端面重合配合，如图 11.14 所示。与行星架同轴心配合，如图 11.15 所示。再次添加一个行星轮进来，进行相同配合。

装配完毕如图 11.16 所示，配合关系 11.17 所示。

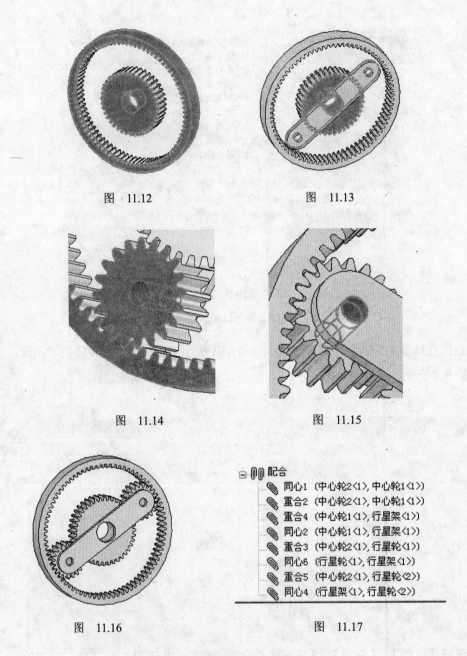

图 11.12   图 11.13

图 11.14   图 11.15

配合
- 同心1 (中心轮2<1>，中心轮1<1>)
- 重合2 (中心轮2<1>，中心轮1<1>)
- 重合4 (中心轮1<1>，行星架<1>)
- 同心2 (中心轮1<1>，行星架<1>)
- 重合3 (中心轮2<1>，行星轮<1>)
- 同心6 (行星轮<1>，行星架<1>)
- 重合5 (中心轮2<1>，行星轮<2>)
- 同心4 (行星架<1>，行星轮<2>)

图 11.16   图 11.17

11.4   模 拟 仿 真

    下面分别对三维碰撞接触状态下一个自由和两个自由度周转轮系运动进行仿真模拟，然后对两个自由度的差动周转轮系进行耦合运动模拟。

11.4.1   一个自由度行星轮系模拟

    右击【约束】/【碰撞】，选择【添加 3D 碰撞】命令，分别设置中心轮 1 和两个行星轮、中心轮 2 和两个行星轮三维碰撞，如图 11.18 和图 11.19 所示。

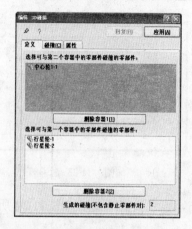

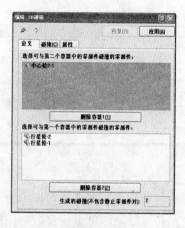

图　11.18　　　　　　　　　　　　　　　　图　11.19

定义 3D 碰撞参数如图 11.20 所示，单击 按钮。

在设计树上选择运动分析图标 ✦，设置中心轮 2 为【静止零部件】，其余为【运动零部件】。设原动件为中心轮 1，输出构件为行星架。给中心轮 1 和中心轮 2 之间的旋转副添加一个运动，角速度为$\omega_1=360°/s$，参数设置如图 11.21 所示。此时系统有一个自由度，是一个行星轮系。

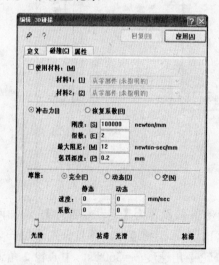

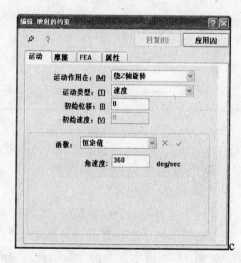

图　11.20　　　　　　　　　　　　　　　　图　11.21

根据行星轮系传动比计算公式：

$$(\omega_1-\omega_H)/(\omega_3-\omega_H)=-Z3/Z1$$

$\omega_1=360°/s$, $\omega_3=0$, $Z3=80$, $Z1=40$，得到行星架角速度的理论值$\omega_H=120°/s$。

拖动各齿轮，使其处于比较准确的啮合位置。运行仿真后，由于轮齿之间的碰撞关系，将会自动调节为比较理想的啮合状态，仿真完成后，绘制各零件角速度曲线，中心轮 1 如图 11.22 所示，角速度$\omega_1=360°/s$，输出构件行星架如图 11.23 所示，角速度在 120°/s

附近波动。

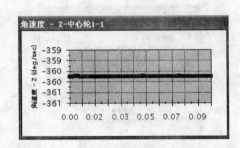 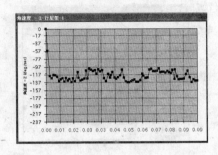

图　11.22　　　　　　　　　　　　　图·11.23

　　若要修改数字显示范围，在图中数字上右击，设置数字范围，如图 11.24 所示。比较理论值和仿真结果，可见仿真效果比较理想。

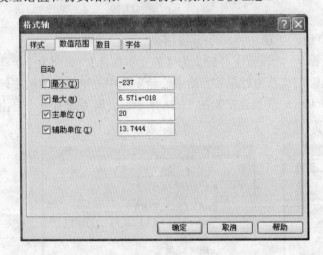 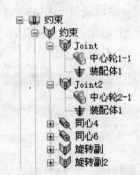

图　11.24　　　　　　　　　　　　图　11.25

11.4.2　两个自由度差动轮系模拟

　　在设计树上选择运动分析图标 ，将所有零件都设置为【运动零部件】。添加两个约束，使中心轮 1 和中心轮 2 分别与装配体之间用旋转副相连接，并且分别添加一个旋转运动，如图 11.25 所示，为两个原动件，中心轮 1 角速度ω_1=360°/s，中心轮 2 角速度 ω_3=120°/s，输出构件为行星架。此时系统自由度为 2，是差动轮系。

　　根据行星轮系传动比计算公式：

$$(\omega_1-\omega_H)/(\omega_3-\omega_H)= -Z3/Z1$$

　　ω_1=360°/s, ω_3=120°/s, Z3=80，Z1=40，得到行星架角速度的理论值ω_H =200°/s。

　　仿真完成后，绘制各零件角速度曲线，中心轮 1 如图 11.26 所示，角速度为ω_1=360°/s，中心轮 2 如图 11.27 所示，角速度为ω_1=120°/s。

　　输出构件行星架如图 11.28 所示，角速度在 200°/s 附近波动，仿真效果比较理想。

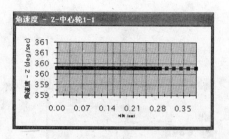

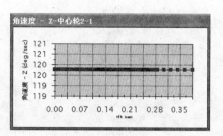

图　11.26　　　　　　　　　　图　11.27

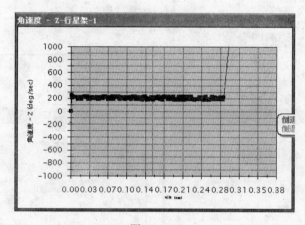

图　11.28

11.4.3　两个自由度耦合运动模拟

三维碰撞接触状态模拟虽然比较真实反映轮系运转情况，但是仿真时间较长。如果根据齿轮的齿数用耦合方式模拟轮系的运转，可以得到比较流畅、快速的运动效果。这里用具有两个自由度的差动轮系进行耦合运动模拟。

在上面完成的装配图中，删除仿真结果，删除三维碰撞。

如果把行星架视为机架，所有齿轮相对于行星架转动，就是一个定轴轮系，各齿轮相对于行星架的角速度之比，等于其齿数的反比。这就是转化轮系计算周转轮系的概念。

- 中心轮 1 相对于行星架的角速度：行星 1 相对于行星架的角速度=$(\omega_1-\omega_H)/(\omega_2-\omega_H)=-Z2/Z1=-20/40$。

- 中心轮 1 相对于行星架的角速度：行星 2 相对于行星架的角速度=$(\omega_1-\omega_H)/(\omega_2-\omega_H)=-Z2/Z1=-20/40$。

- 中心轮 2 相对于行星架的角速度：行星 1 相对于行星架的角速度= $(\omega_3-\omega_H)/(\omega_2-\omega_H)=Z2/Z3=20/80$。

检查约束，使中心轮 1、中心轮 2、行星 1、行星 2 都有与行星架组成的运动副，如果没有，则要添加旋转副，如图 11.29 所示。

右击【耦合】，选择【添加耦合】命令，添加三个耦合，设置如图 11.30，图 11.31和图 11.32 所示，分别对应于上面的三种情况。

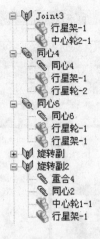

图　11.29

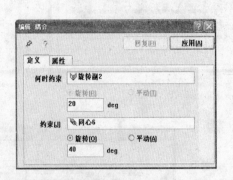

图　11.30

图　11.31

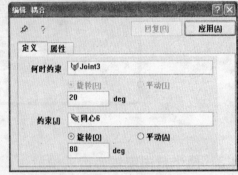

图　11.32

设置仿真时间为 2s，帧的数目为 500，轮系运转初始位置如图 11.33 所示，中间一个位置如图 11.34 所示，可见轮齿啮合正确，没有发生错位。

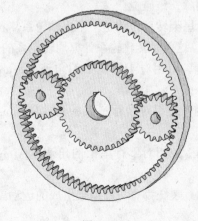

图　11.33

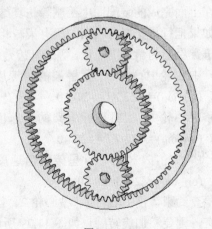

图　11.34

中心轮和行星架角速度如图 11.35，图 11.36 和图 11.37 所示，与理论值相同。

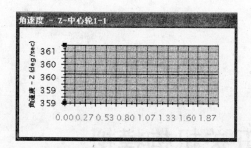

图 11.35

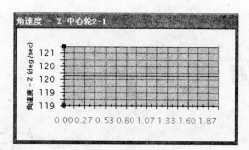

图 11.36

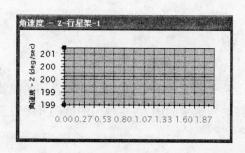

图 11.37

第12章

门开关机构模拟

门开关机构是生活中常见的装置,通过汽筒、活塞之间的弹簧和阻尼的调节和模拟,分析影响门开闭程度和转动角速度的因素,实现门的准确开闭位置和恰当的转动角速度,从而达到预期的设计目的。

12.1　工　作　原　理

图 12.1 所示门开关机构主要由门、门框、汽筒、活塞、底座组成,汽筒里面弹簧和阻尼控制门的转动角速度,使用时应该能正确实现门的开和闭两个位置,并且在关门的瞬时角速度为零。

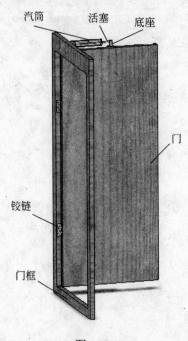

汽筒　　活塞　　底座

门

铰链

门框

图　12.1

12.2　零件造型

1．门框和门

门框和门草图及尺寸分别如图 12.2 和图 12.3 所示，退出草图，拉伸，厚度均为 40mm。

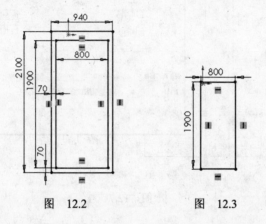

图　12.2　　　　　　　　图　12.3

2．铰链 1

铰链由两部分组成，一半边为铰链 1，另一半边为铰链 2，中间的轴略去。

绘制草图如图 12.4 所示，其中，单击草图绘制工具栏上的切线弧 ⬚ 绘制圆弧，然后选择【工具】/【草图绘制工具】/【等距实体】命令，向内等距构造 1.5mm 等距实体，做出图 12.5 所示的草图。退出草图，拉伸 100mm，如图 12.6 所示。

图　12.4　　　　　　　　　　　　　　图　12.5

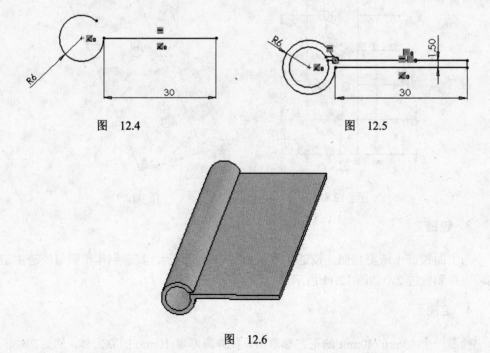

图　12.6

选择【工具】/【草图绘制工具】/【线性草图排列和复制】命令，填写参数如图 12.7 所示。

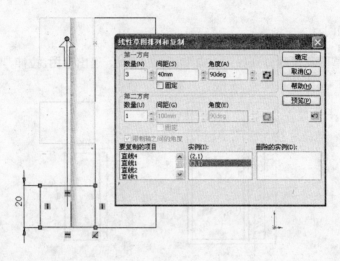

图　12.7

将草图添加螺钉孔，进一步完善，如图 12.8 所示。退出草图，选择【插入】/【切除】/【拉伸】命令，在选择方向 1 和方向 2 均完全贯穿切除，得到铰链 1 造型，如图 12.9 所示。

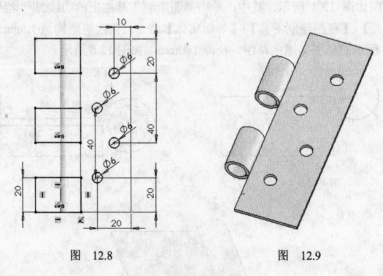

图　12.8　　　　　　　　　　　图　12.9

3. 铰链 2

与上面铰链 1 造型相似，铰链 2 草图如图 12.10 所示，其余制作步骤与铰链 1 造型相同，得到铰链 2，如图 12.11 所示。

4. 底座

绘制一个 40mm×40mm 的正方形草图，拉伸为厚度 10mm 的立方体，然后在端面添加一草图，如图 12.12 所示，向后拉伸，厚度为 30mm，在侧面添加一草图，绘制一直角三角形，如图 12.13 所示，然后拉伸切除。

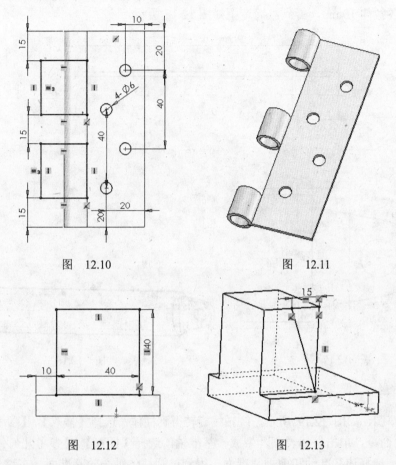

图 12.10　　　　　　　　　　　　图 12.11

图 12.12　　　　　　　　　　　　图 12.13

在端面添加一草图，绘制一个直径为 25mm 的圆，如图 12.14 所示，然后退出草图，拉伸，距离为 25mm。再在该圆柱体端面添加一草图，绘制一个直径为 15mm 的圆，然后拉伸，距离为 20mm，得到底座如图 12.15 所示。

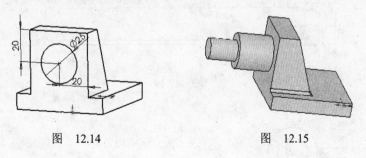

图 12.14　　　　　　　　　　　　图 12.15

5. 汽筒

绘制草图，如图 12.16 所示，绕轴线旋转得到柱体，选择【插入】/【参考几何体】/【基准轴】命令，单击柱体表面，生成一基准轴。选择【插入】/【参考几何体】/【基准面】命令，选择该基准轴和前视基准面，得到过圆柱体轴心的基准面，右键选择该基准面，插入草图，如图 12.17 所示，注意应该是封闭的图形。退出草图，拉伸，方向 1和方向 2 各拉伸 10mm，得到汽筒造型如图 12.18 所示。

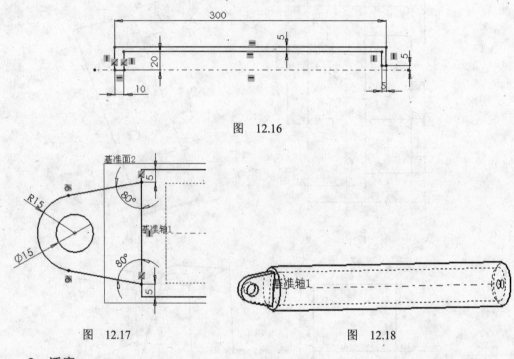

图　12.16

图　12.17　　　　　　　　　　　图　12.18

6．活塞

绘制草图，如图 12.19 所示，绕轴线旋转得到柱体，选择【插入】/【参考几何体】/【基准轴】命令，单击柱体表面，生成一基准轴。选择【插入】/【参考几何体】/【基准面】命令，选择该基准轴和前视基准面，得到过圆柱体轴心的基准面，右键选择该基准面，插入草图，如图 12.20 所示。拉伸草图，方向 1 和方向 2 各拉伸 10mm，得到活塞造型，如图 12.21 所示。

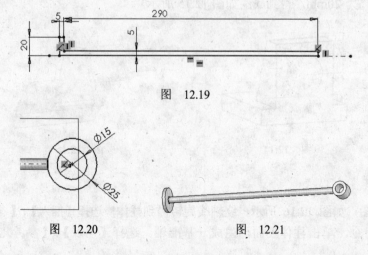

图　12.19

图　12.20　　　　　　　　　　图　12.21

12.3 装　　配

由于需要装配的零件较多，先将门框和门分别装配，形成子装配体，然后再完成总体装配。

12.3.1 装配门框

建立一个新装配体文件，以文件名"装配门框"保存该文件，用重合配合使底座与门框的三个面分别重合，如图 12.22 所示，然后将两个铰链 1 添加进来，每个铰链的两个面与门框重合配合。另外，一个铰链 1 上顶端面与门框上面成 400mm 的距离配合，另一个下顶端面与门框下面成 400mm 的距离配合，如图 12.23 所示。

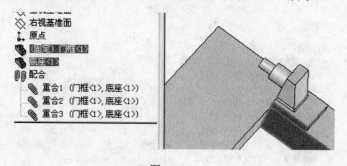

图　12.22

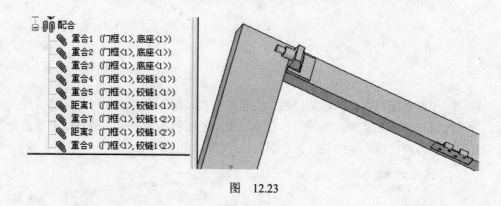

图　12.23

12.3.2 装配门

建立一个新装配体文件，以文件名"装配门"保存该文件，用重合配合使底座与门的两个端面分别重合，一个侧面采用距离配合，距离值为 400mm，如图 12.24 所示。

然后，将两个铰链 2 添加进来，每个铰链的两个面与门重合配合。另外，一个铰链 2 上顶端面与门上面成 400mm 的距离配合，另一个下顶端面与门下端面成 400mm 的距离配合，如图 12.25 所示。

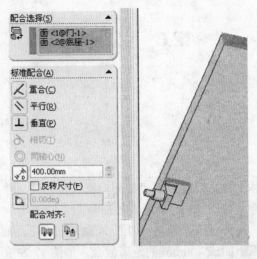

图　12.24

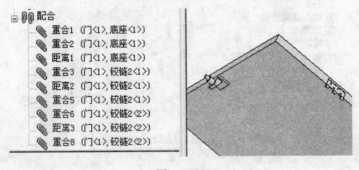

图　12.25

12.3.3　总装配

建立一个新装配体文件，以文件名"门开关机构装配"保存该文件，先将文件"装配门框"加进来，再把文件"装配门"添加进来，把铰链 1 和铰链 2 的轴线进行重合配合，把门上端面与门框上端面进行重合配合，如图 12.26 所示。

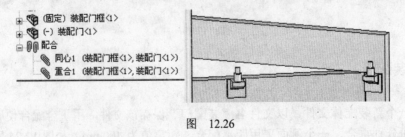

图　12.26

把文件"汽筒"添加进来，与门框上的底座轴进行同轴心配合与重合配合，如图 12.27 所示。把文件"活塞"添加进来，与门上的底座轴进行同轴心配合与重合配合，与汽筒进行同轴心配合，如图 12.28 所示。装配完成的门如图 12.29 所示。

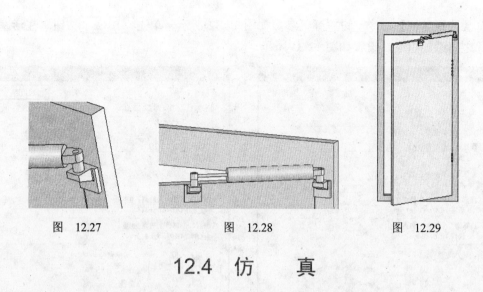

图 12.27   图 12.28   图 12.29

12.4 仿 真

在设计树上选择运动分析图标 🖉，用右键将装配门框设置为【静止零部件】，其余设置为【运动零部件】。选择【运动】/【选项】/【仿真】命令，仿真时间设置为 2s，帧的数目设置为 50。

12.4.1 设置材质

打开零件文件"门"，右击【材质】，如图 12.30 所示，选择【编辑材料】命令，选择松木作为门的材质。门框材质也设置为松木，其余金属零件均设置为普通碳钢。

12.4.2 添加弹簧和阻尼

首先将门拉开到与门框接近 90°位置，在汽筒上右击，选择【更改透明度】命令，便于观察汽筒内部结构，如图 12.31 所示。

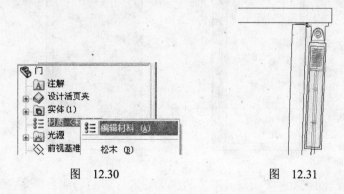

图 12.30   图 12.31

然后，单击【力】前面的+号，右击【弹簧】，选择【添加线性弹簧】命令，在活塞和汽筒之间加上弹簧，若不容易选择活塞或汽筒的边线，可以在要添加弹簧的位置右击，选择【选择其他】命令。设置弹簧参数如图 12.32 所示，单击 应用(A) 按钮。在活塞和汽筒之间添加阻尼，设置如图 12.33 所示。

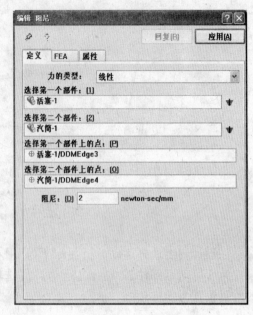

图   12.32   图   12.33

12.4.3   影响门开闭因素分析

按照上面设置的参数，选择【运动】/【仿真】命令，模拟门打开和关闭的过程，如图 12.34 和图 12.35 所示，能够实现门的开闭两个位置。

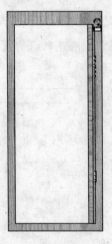   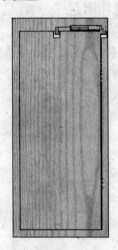

图   12.34   图   12.35

右击【装配门】，选择【绘制曲线】/【角速度】/【幅值】命令，如图 12.36 所示，得到门运动的角速度曲线，如图 12.37 所示，可见角速度呈一直上升的趋势，在关门的时候达到最大，这将产生较大的冲击和噪音，不符合设计要求。

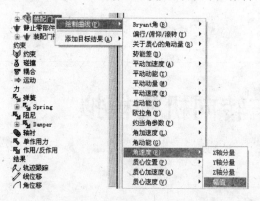

图　12.36

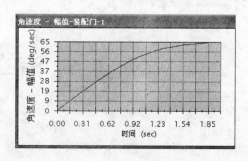

图　12.37

通过仿真发现，门的开闭程度和转动角速度与门的材质、门的初始位置、仿真时间、弹簧的刚度、长度和阻尼的大小等因素有关，因此可以设置不同的参数，逐步调节各参数大小，观察门的关闭位置，直到门刚好关上为止，并使得在关门的瞬时角速度为零。

在 COSMOSMotion 工具栏上单击 🔲，删除仿真结果。修改仿真时间为 3s，弹簧和阻尼的参数重新设置，如图 12.38 和图 12.39 所示，再次模拟，得到门运动的角速度曲线，如图 12.40 所示，在关门的时候角速度回落到零，符合设计要求。

图　12.38

图　12.39

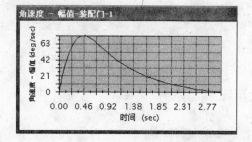

图　12.40

第13章

汽车转向机构模拟

本章模拟汽车转向机构的工作过程。通过给汽车方向盘加上分段的转向函数，经过梯形机构转化为前轮的转动，可用于汽车转向模拟和转向梯形机构转向性能的研究。

13.1 工 作 原 理

汽车机械转向系是由转向操纵机构、转向器和转向传动机构三大部分组成。根据转向器位置和转向轮悬架类型不同，转向传动机构的组成和布置分为与非独立悬架配用的转向传动机构和与独立悬架配用的转向传动机构。这里讨论的是与非独立悬架配用的转向传动机构。转向传动机构是将转向器输出的力和运动传给转向桥两侧的转向节，使两侧转向轮偏转，并使两转向轮偏转按一定的关系变化，以保证汽车转向时车轮与地面的相对滑动尽可能小。

为了避免汽车转向时产生的路面对汽车行驶的附加阻力和轮胎磨损太快，要求转向系在汽车转向时，所有车轮均做纯滚动而不产生侧向滑移，图 13.1 中两侧车轮偏转角 α 和 β 的理想关系为：

$$\cot\alpha = \cot\beta + B/L$$

因此转向传动机构转向梯形的几何参数需要优化确定，但是，至今所有的汽车的转向梯形都只能设计得在一定的车轮偏转角范围内，接近于理想关系。

为了模拟方便，转向机构简化为由图 13.1 所示的方向盘、梯形机构、转向直拉杆、转向节臂、等腰梯形机构和车轮组成。

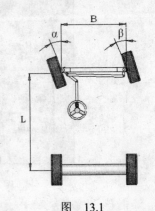

图   13.1

13.2 零 件 造 型

13.2.1 杆类零件及车轮

1. 机架

机架尺寸如图 13.2 所示，退出草图，拉伸，厚度为 100mm，然后添加草图，如

图 13.3 所示，拉伸切除两个孔。在端面绘制草图，如图 13.4 所示，拉伸贯穿切除，作为安装定位孔。

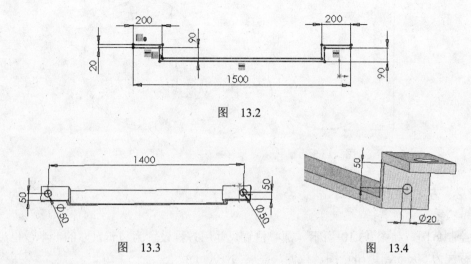

图 13.2

图 13.3

图 13.4

2. 转向横拉

转向横拉杆尺寸如图 13.5 所示，退出草图，拉伸，厚度为 20mm。

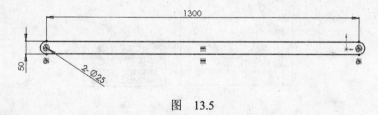

图 13.5

3. 转向节臂

转向节臂尺寸如图 13.6 所示，退出草图，拉伸，厚度为 20mm。

4. 转向直拉杆

转向直拉杆尺寸如图 13.7 所示，退出草图，拉伸，厚度为 20mm。

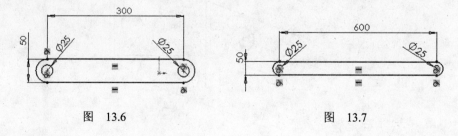

图 13.6

图 13.7

5. 车轮

车轮尺寸如图 13.8 所示，退出草图，拉伸，厚度为 250mm，倒圆角为 30mm，如

图 13.9 所示。

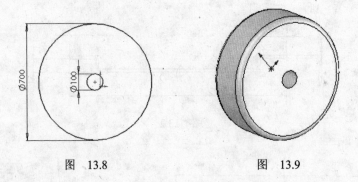

图 13.8　　　　　　　　　图 13.9

13.2.2　左右梯形臂

绘制草图，如图 13.10 所示，圆心位置尺寸用方程设置为边长尺寸的一半，也可以直接标注为 50mm，退出草图，拉伸，厚度为 100mm。

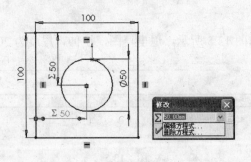

图 13.10

选择【插入】/【参考几何体】/【基准面】命令，在拉伸方向中间创建一个基准面，右击该基准面，插入一草图，绘制并标注，如图 13.11 所示。双向拉伸，厚度均为 10mm。

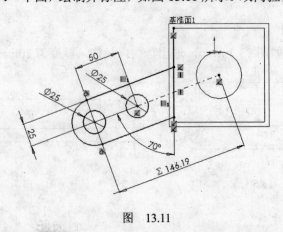

图 13.11

其中梯形臂长度尺寸 146.19mm，是通过几何关系，尺寸标注时由方程得到，如

图 13.12 所示，等腰梯形的下底（机架上的尺寸 1400mm）如图 13.3 所示，等腰梯形的上底（转向横拉杆上的尺寸 1300mm）如图 13.5 所示，梯形的底角（70°）如图 13.11 所示。

图　13.12

在端面绘制一直径为 100mm，高为 250mm 的圆柱体，得到左梯形臂，如图 13.13 所示。右梯形臂删除一个孔即可，如图 13.14 所示。

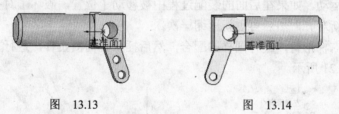

图　13.13　　　　　　　　　　图　13.14

13.2.3　方向盘

绘制方向盘草图，如图 13.15 所示，旋转后得到图 13.16。选择【插入】/【参考几何体】命令，绘制过轴心的基准轴和基准面，右击该基准面，插入一草图，用样条曲线绘制如图 13.17 所示的轮廓，然后拉伸，如图 13.18 所示。

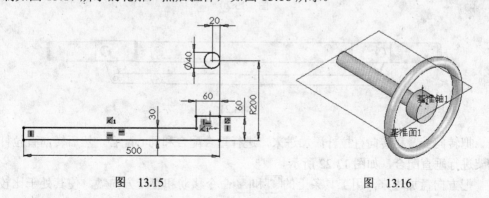

图　13.15　　　　　　　　　　图　13.16

选择【插入】/【阵列/镜像】/【圆周阵列】命令，以过轴心的基准轴为中心阵列，得到图 13.19 所示的方向盘。

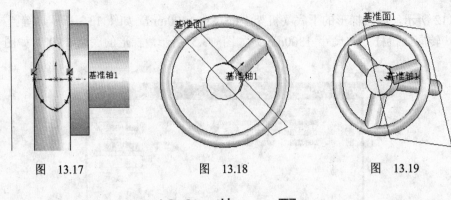

图　13.17　　　　　　　图　13.18　　　　　　　图　13.19

13.3　装　　配

选择【文件】/【新建】/【装配体】命令，建立一个新装配体文件，以文件名"汽车转向机构装配体"保存该文件。

插入机架和左梯形臂，进行重合配合和同心配合，然后把端面也进行重合配合，如图 13.20 所示。完成后，在该重合配合上右击，选择压缩该重合配合，这样使零件对齐，但又不限制其运动。如果在后面的装配过程中被移动了位置，破坏了对齐，可以解除该压缩，零件重新对齐，然后再重新压缩一次。

同样插入右梯形臂，进行同样的配合，然后插入转向横拉杆，进行重合配合和同心配合，如图 13.21 所示。

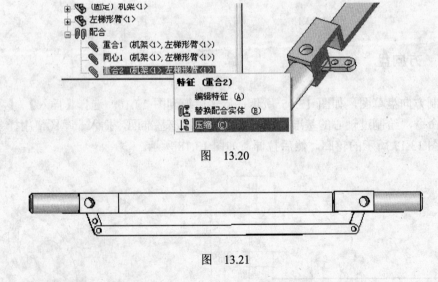

图　13.20

图　13.21

把转向节臂和转向直拉杆添加进来，进行重合配合和同心配合，然后转向直拉杆和机架进行垂直配合，如图 13.22 所示。

把方向盘加进来，用工具条上的 和 命令移动和旋转方向盘，使其处于比较恰当的位置，如图 13.23 所示，然后把车轮加进来，进行重合配合和同心配合。

把车轮材质设置为橡胶，其余为普通碳钢，完成整体装配，如图 13.24 所示。

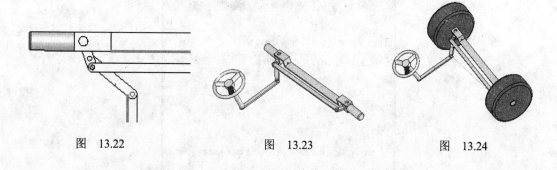

図　13.22　　　　　図　13.23　　　　　図　13.24

13.4　仿　真

在设计树上选择运动分析图标，用右键将机架设置为【静止零部件】，其余设置为【运动零部件】。选择【运动】/【选项】/【仿真】命令，仿真时间设置为 15s，帧的数目设置为 100。

13.4.1　添加转动——移动耦合

单击【约束】前面的+号，将方向盘和机架之间添加旋转副 Joint。在转向直拉杆和机架之间添加移动副 Joint2，然后在 Joint 和 Joint2 之间添加一个耦合，使得方向盘的转动与转向直拉杆的移动按照一定的关系运动，如图 13.25 和图 13.26 所示。图中移动副 Joint2 的移动距离为 90mm，根据不同的初始安装情况，其值可以不同，若太大则不能达到其运动范围，运行时将报错。

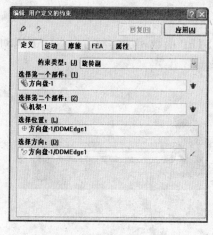

図　13.25

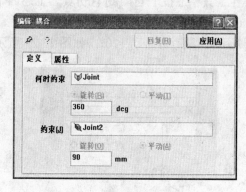

図　13.26

13.4.2　设置转动函数

在方向盘和机架之间添加的旋转副 Joint 中，设置运动关系如图 13.27 所示。

图 13.27

其中，方向盘转动用表达式设置，采用四个 STEP 函数相加，表达式如下：

```
STEP(TIME,0,0D,2,0D) + STEP(TIME,2,0D,4,-120D) + STEP(TIME,6,0D,8,240D)
+ STEP(TIME,10,0D,12,-120D)
```

式中，D 表示度。若不加 D，则为弧度。STEP 函数格式：STEP (x, x0, h0, x1, h1)，生成区间(x0, h0)至（x1, h1）的阶梯曲线，x 为自变量，可以是时间函数。两个 STEP 函数相加，第二个 step 函数的 Y 值是相对第一个 step 的增加值，不是绝对值。

13.4.3 转向仿真分析

在工具栏上按下 ▦，进行仿真。上述四个 STEP 函数相加实现方向盘以下运动：

0～2s：静止，如图 13.28 所示。

2～4s：顺时针转动 120°，如图 13.29 所示。

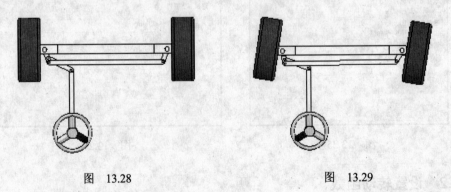

图 13.28   图 13.29

4～6s：静止。

6～8s：逆时针转动 240°，如图 13.30 所示。

8～10s：静止。

10～12s：顺时针转动 120°，如图 13.31 所示。

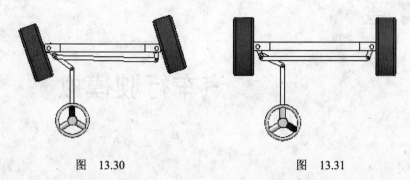

图 13.30　　　　　　　　　　图　13.31

12～15s：静止。仿真时间设置为 15s，所以 12s 以后方向盘一直维持最后位置状态，直到仿真结束。

右击【结果】/【角位移】，选择【生成角位移】命令，选择左梯形臂和机架的顶点和转动中心，生成一个角位移，如图 13.32 所示，左车轮在方向盘转动过程中的转动角度变化如图 13.33 所示。

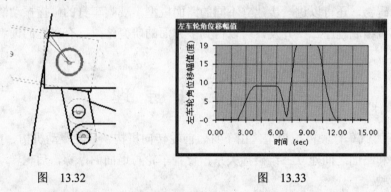

图　13.32　　　　　　　　　　图　13.33

同样，选择右梯形臂和机架的顶点和转动中心，生成一个角位移，如图 13.34 所示，右车轮在方向盘转动过程中的转动角度变化如图 13.35 所示。

可见，在车轮逆时针转动过程中，左车轮在 0～19°之间转动，右车轮却在 0～17°之间转动，顺时针转动过程中的范围也不相同。

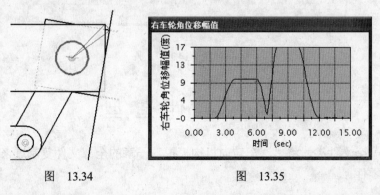

图　13.34　　　　　　　　　　图　13.35

第14章

汽车行驶模拟

本章建立了汽车行驶模型，结合前面"汽车转向机构模拟"一章建立的汽车转向机构模型，模拟了汽车在给定驱动和转向关系时行驶过程，其中，通过给轮胎和地面添加三维碰撞和摩擦，实现车轮滚动带动汽车行驶。还可以把汽车行驶的轨迹显示出来，观察汽车的运行状况。通过本仿真模型，可以设置不同的转向函数，观察汽车的运行路径，以便避开障碍物，还可以进一步建立不同的路面模型，观察车身的碰撞振动情况等，如果结合计算机编制程序二次开发，可以得到多方面的研究结果，有兴趣的读者不妨自己加以完善。

14.1　工　作　原　理

图 14.1 为汽车行驶模拟模型，由车身、前轮转向机构、后轮驱动机构、地面组成，通过给车轮和路面之间建立三维碰撞关系，设置车轮与地面的摩擦，后轮转动，摩擦力使得汽车行驶。

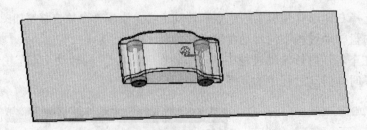

图　14.1

14.2　零　件　造　型

新建立一个文件夹，将"汽车转向机构模拟"一章的全部文件复制过来，并且补充绘制下面的零件。

1. 后轴

后轴草图如图 14.2 所示，退出草图，旋转得到轴。

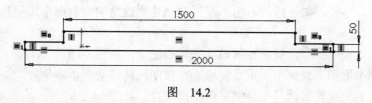

图　14.2

2. 后轮装配体

选择【文件】/【新建】/【装配体】命令，建立一个新装配体文件，以文件名"后轮装配体"保存该文件。将后轴和车轮添加进来，进行重合与同轴心配合，得到子装配体，如图 14.3 所示。

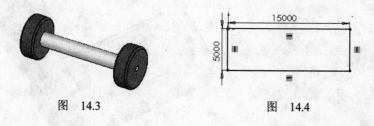

图　14.3　　　　　　　　　　　　图　14.4

3. 地面

地面草图如图 14.4 所示，退出草图，拉伸，厚度为 150mm，得到地面。

4. 车身

车身草图如图 14.5 所示，退出草图，拉伸，厚度为 2000mm，给边倒圆角，半径为 150mm，如图 14.6 所示。

选择【插入】/【特征】/【抽壳】命令，选择图 14.7 中的底面，抽壳厚度为 10mm。

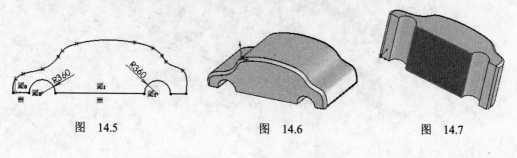

图　14.5　　　　　　　　图　14.6　　　　　　　　图　14.7

14.3　装　　配

打开已经完成的"汽车转向机构装配体"文件，选择【文件】/【另存为】命令，将该文件另外以"汽车行驶模拟装配体"名称保存。

14.3.1　车身与转向机构配合

将"车身"零件添加进来，右击车身，选择【更改透明度】命令，使其透明，便于装配。

将机架上的安装孔和车身前轮的轴孔同轴心配合，如图 14.8 所示。

将车轮侧平面和车身侧平面重合配合。使转向机构移动到正确位置。

将机架上的安装孔端面与车身侧平面距离配合，如图 14.9 所示。

在设计树上【装配】下面右击已经生成的车轮侧平面和车身侧平面重合配合，压缩该配合，既使零件对齐了，又不约束其运动。

将机架平面与车身底平面平行配合，如图 14.10 所示，这样整个转向机构不会绕轴线转动。

图　14.8

图　14.9

图　14.10

14.3.2　其余配合

将"后轮装配体"子装配体添加进来，注意添加的是装配体文件。将后轮装配体轴线与车身后轮的轴孔同轴心配合，如图 14.11 所示。

将后车轮侧平面和车身侧平面重合配合，如图 14.12 所示。

将"地面"零件添加进来，将前轮和后轮分别与地面进行相切配合，然后分别右击该配合，压缩该配合，解除其约束作用。

最后将车身侧平面与地面侧平面距离配合，使车移动到路面中间。完整的装配模型及整个安装配合关系如图 14.13 所示，字迹颜色较浅的配合名是被压缩过的配合。

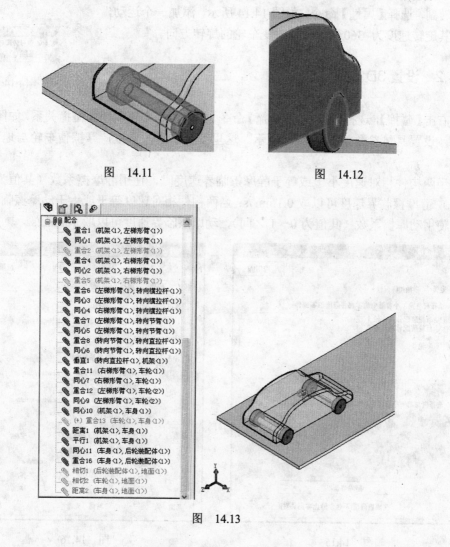

图 14.11   图 14.12

图 14.13

14.4 仿 真

在设计树上选择运动分析图标 ⬦，用右键将地面设置为【静止零部件】，其余设置为【运动零部件】。选择【运动】/【选项】/【仿真】命令，仿真时间设置为 15s，帧的数目设置为 100。

由于是以"汽车转向机构装配体"开始装配的，所以转向的装配和仿真设置都已经存在，只需要添加后轮驱动和四个车轮和地面碰撞关系就可以了，也可以修改 Joint 中的转向运动函数。

14.4.1 后轮驱动

单击【约束】前面的+号，右击后轮装配体轴线与车身后轮的轴孔同轴心配合形成的旋转副，选择【属性】命令，如图 14.14 所示，添加一个运动，设置其旋转速度为–360°/s，负号改变车轮的旋转方向。

图 14.14

14.4.2 设置 3D 碰撞

右击【碰撞】，选择【添加 3D 碰撞】命令，定义四个车轮和地面碰撞关系，如图 14.15 所示，设置具体参数如图 14.16 所示。这里设置了摩擦系数，摩擦使车轮与地面相对运动。

当两构件相对速度小于或等于静摩擦临界速度时，使用静摩擦系数（其值为 0～1 之间），静摩擦临界速度可以取 0.1mm /s；当两构件相对速度等于或大于动摩擦临界速度时，使用动摩擦系数（其值为 0～1 之间），动摩擦临界速度可以取 10mm /s。

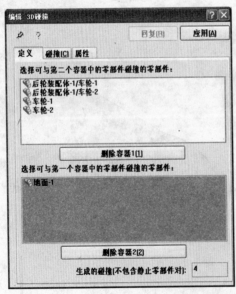

图 14.15

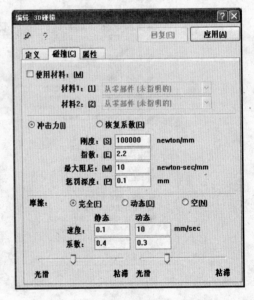

图 14.16

14.4.3 仿真模拟

在工具栏上按下 ▦，进行仿真，按下 ▦，观测仿真进程，如图 14.17 所示（由于 3D 碰撞的存在，需要较多的计算时间）。

仿真计算完成后，右击【结果】，选择【轨迹跟踪】命令，如图 14.18 所示，然后用鼠标选择前轮零件中心，生成该点的运行轨迹，可以观察整个运行过程走过的路径。

图　14.17　　　　　　　　　　　　　　　　　图　14.18

下面是运行过程的几个片段，图 14.19 是开始位置，图 14.20 是运行到 4.2s 时的状况，图 14.21 是运行到 6.3s 时的状况，图 14.22 是运行到 7.1s 时的状况。这些图像很好地显示出了汽车直线运行、转向运行以及后来冲出路面掉下去的全过程。

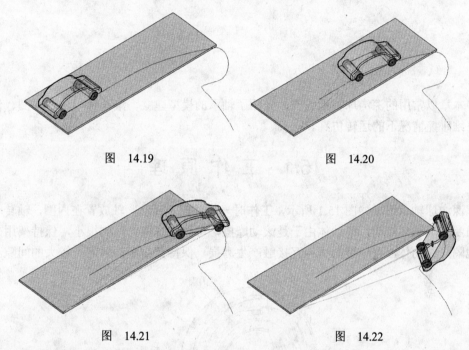

图　14.19　　　　　　　　　　　　　　　　　图　14.20

图　14.21　　　　　　　　　　　　　　　　　图　14.22

选择【运动】/【输出结果】命令，如图 14.23 所示，可以得到各种运动和动力学方面的输出，其形式可以是文字、图形、视频、Excel 表等。

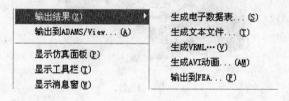

图　14.23

第15章

轴承运转仿真

本章以常用的深沟球轴承为例，介绍了轴承的模型建立，滚动体与内、外圈、保持架三维碰撞情况下的运转仿真。

15.1　工　作　原　理

深沟球轴承组成如图 15.1 所示，工作时一般外圈不转动，轴放置在内圈，轴转动带动内圈、滚动体转动，滚动体由于是滚动摩擦，可以使摩擦力达到很小，保持架用来均匀地隔开滚动体，避免滚动体相互接触产生磨损，保持架与滚动体间有较大的间隙。

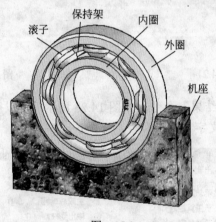

图　15.1

15.2　零　件　造　型

以型号为 6318 的深沟球轴承为例建立模型，其内径为 90mm，外径为 190mm。

1. 外圈

在前视基准面中绘制草图，如图 15.2 所示，添加圆弧及尺寸，如图 15.3 所示，退出草图，绕中心线旋转得到外圈，如图 15.4 所示。

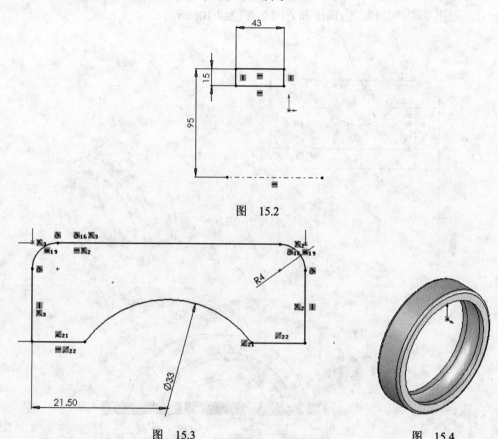

图　15.2

图　15.3　　　　　　　　　　　　　　　图　15.4

2．内圈

在前视基准面中绘制草图，如图 15.5 所示，退出草图，绕中心线旋转后得到如图 15.6 所示的结果。

在内圈端面插入一个草图，选择【工具】/【草图绘制实体】/【文字】命令，在草图上绘制文字，设置如图 15.7 所示，退出草图。

拉伸切除该文字，深度为 2mm，得到图 15.8 所示的内圈。

3．滚动体

绘制一直径为 33mm 的半圆，旋转得到滚动体，如图 15.9 所示。

4．轴承座

轴承座草图如图 15.10 所示，拉伸，厚度为 50mm。

5．保持架

在前视基准面坐标原点绘制保持架草图，如图 15.11 所示，选择【工具】/【几何关系】/【添加】命令，选择扇形区域两边线段和中间中心线，添加对称关系，然后标注角度尺寸。退出草图，拉伸，方向 1 和方向 2 各拉伸 10mm。

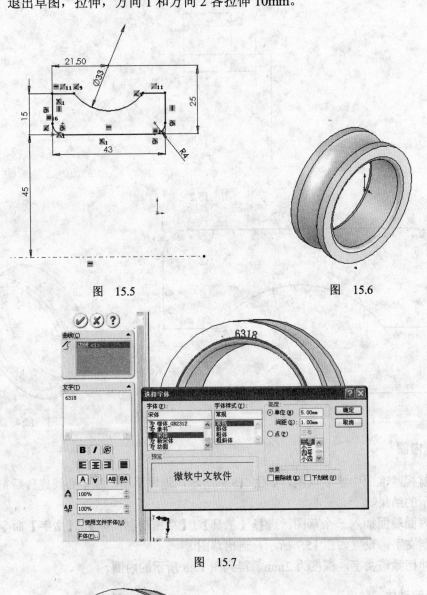

图　15.5　　　　　　　　　　图　15.6

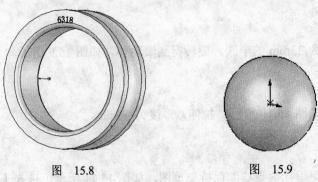

图　15.7

图　15.8　　　　　　　　　　图　15.9

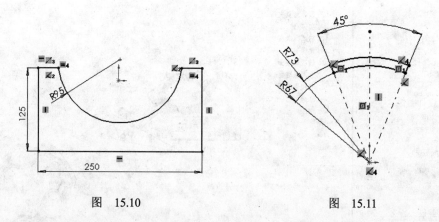

图　15.10　　　　　　　　　　图　15.11

在右视基准面插入草图，绘制草图，如图 15.12 所示，退出草图，绕直径旋转。

在右视基准面插入草图，绘制草图，如图 15.13 所示，退出草图，绕直径旋转切除，得到一个空心球体，如图 15.14 所示。在端面插入草图，绘制草图，如图 15.15 所示，退出草图，两个方向完全贯穿拉伸切除，然后建立一个通过回转中心的基准轴，如图 15.16 所示。

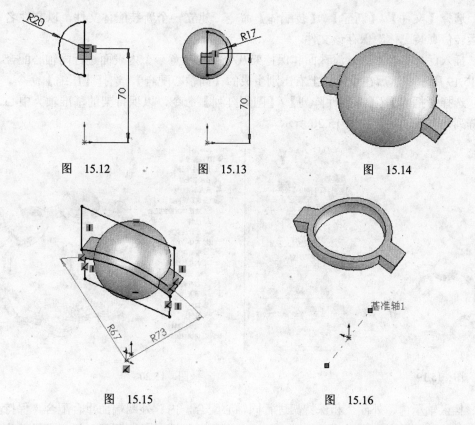

图　15.12　　　　　图　15.13　　　　　　图　15.14

图　15.15　　　　　　　　　　图　15.16

选择【插入】/【阵列/镜像】/【圆周阵列】命令，以基准轴为中心，选择上面建立的所有特征，阵列数目为 8，如图 15.17 所示。得到保持架如图 15.18 所示。

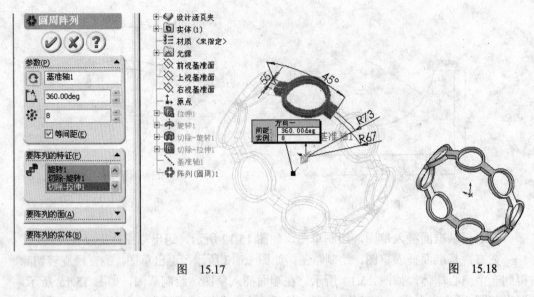

图 15.17 图 15.18

15.3 装　配

选择【文件】/【新建】/【装配体】命令，建立一个新装配体文件，以文件名"轴承运转仿真装配体"保存该文件。

插入保持架和滚珠，滚珠面和保持架八个孔的任意一个内表面进行同轴心配合，如图 15.19 所示，然后在设计树上右击刚生成的【同轴心配合】，选择【压缩】命令。

选择【插入】/【零部件阵列】/【圆周阵列】命令，以保持架的基准轴为中心，圆周阵列八个滚动体，如图 15.20 所示。

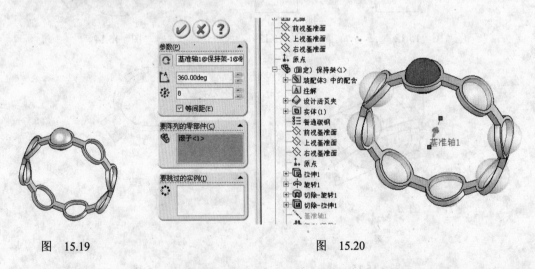

图 15.19 图 15.20

插入轴承内、外圈，和保持架进行同轴心配合，内、外圈端面重合配合，保持架端面和外圈端面距离配合，距离为 43/2–5=16.5mm，如图 15.21 所示，然后右击，将上面涉及的所有配合全部压缩，使其不影响仿真。最后插入轴承座，与外圈进行同轴心配合与端面重合配合。全部配合关系如图 15.22 所示。

　　把保持架材质设置为普通碳钢，其余设置为合金钢。完成整体装配，如图 15.23 所示。

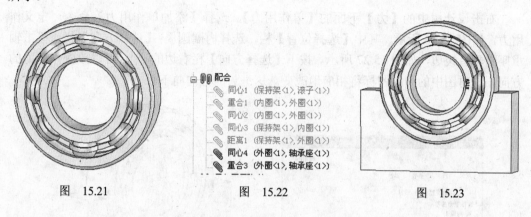

图　15.21　　　　　　　　　　　　图　15.22　　　　　　　　　　　图　15.23

15.4　仿　　真

　　在设计树上选择运动分析图标 ，用右键将轴承座设置为【静止零部件】，其余设置为【运动零部件】。

15.4.1　添加碰撞

　　右击【碰撞】，选择【添加 3D 碰撞】命令，定义所有滚动体和内、外圈以及保持架相碰撞，如图 15.24 所示，设置具体参数如图 15.25 所示。

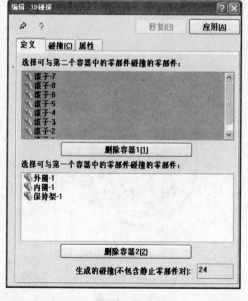

图　15.24

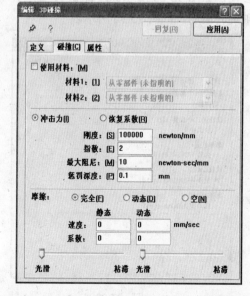

图　15.25

15.4.2　设置作用力

　　右击设计树中的【力】下面的【单作用力】，选择【添加单作用力】命令，定义作用力，如图 15.26 所示。其中【选择位置】栏，选择内圈圆周；【选择方向】栏，单击轴承座的垂直棱边，如图 15.27 所示。按下【选择方向】栏右边的 ，可以改变作用力的方向，同时图中的力的图标将相应地改变。这里力的方向向下。

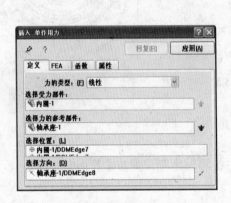

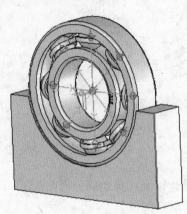

图　15.26　　　　　　　　　　　　　　　　　图　15.27

15.4.3　设置运动

　　右击设计树中的【约束】下面的【运动】，选择【对零部件添加运动】命令，定义运动，如图 15.28 所示。Z 轴和 X 轴选择机座两垂直棱边，如图 15.29 所示，设置绕 Z 轴旋转运动，如图 15.30 所示。

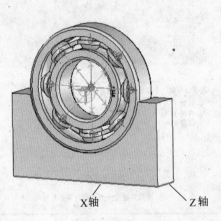

X轴　　　　Z轴

图　15.28　　　　　　　　　　　　　　　　　图　15.29

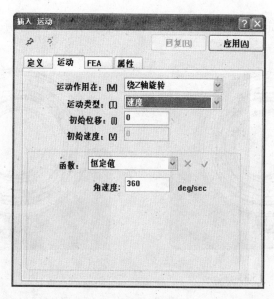

图 15.30

15.4.4 仿真

选择【运动】/【选项】/【仿真】命令，仿真时间设置为 0.1s，帧的数目设置为 200。
在 COSMOSMotion 工具栏上按下 ⊞，进行仿真。

仿真开始位置如图 15.31 所示，时间为 0.1s 时，位置如图 15.32 所示。可以观察到，
由于碰撞的原因，轴承内圈在运转过程中上下波动。

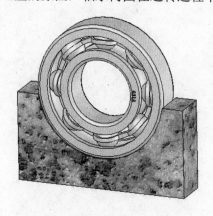

图 15.31

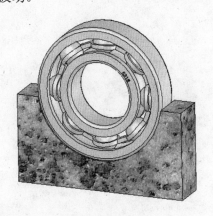

图 15.32

在 COSMOSMotion 工具栏上选择 ⊡，删除仿真结果，右击【约束】，选择【添加
旋转副】命令，在滚动体和轴承座之间添加一个旋转副铰链。右击设计树中【力】下面
的【单作用力】/【ForceAO】，取消【参与仿真】选中状态，冻结作用力。

选择【运动】/【选项】/【仿真】命令，仿真时间设置为 1s，帧的数目设置为 200。
时间为 0.1s 时，位置如图 15.33 所示。时间为 0.7s 时，位置如图 15.34 所示。可以观察

到，此时由于内圈是定轴转动，所以轴承内圈运转平稳，但这种情况与轴承真实运转条件有较大差别。

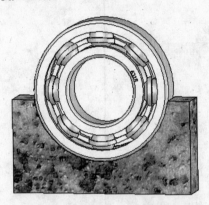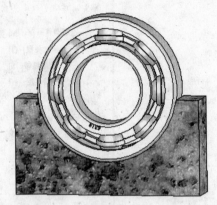

图 15.33   图 15.34

第16章

万向联轴器运转仿真

十字轴式万向联轴器是一种常用的联轴器，其结构特点是能够在不同轴线的两轴间传递转矩和运动，且各向位移补偿能力强，结构紧凑，传动效率高，维修保养方便。广泛应用于冶金机械、工程机械、起重运输机械以及其他重型机械。

本章介绍十字轴式万向联轴器的造型、仿真、理论值与仿真值比较，以及采用双万向联轴器获得主、从动轴等角速度运转。

16.1 工作原理

十字轴式万向联轴器如图 16.1 所示，由两个叉形接头、十字轴和轴销组成，这种联轴器可以允许两轴间有较大的夹角 α，最大可达 35°～45°，而且，在机器运转时，夹角发生改变仍然可以正常传动。如果采用双万向联轴器，还可以使得主动轴角速度 ω_1 与从动轴 ω_3 相等。

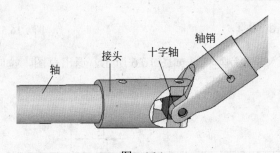

图 16.1

16.2 零件造型

1. 十字轴

绘制一个边长为 25mm 如的立方体，在表面添加绘制草图，如图 16.2 所示，退出草图，拉伸，厚度为 10mm，倒角 1×45°。在另外三个面上进行同样的造型，得到十字轴，如图 16.3 所示。

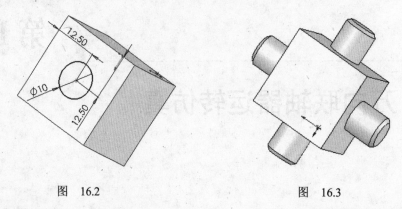

图 16.2   图 16.3

2. 接头

在前视基准面插入并绘制草图，如图 16.4 所示，底边通过坐标原点，退出草图，绕底边旋转，然后在端面插入并绘制草图，如图 16.5 所示，拉伸切除，厚度为 45mm。

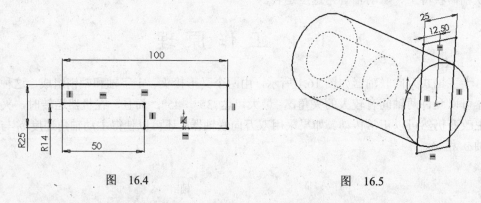

图 16.4   图 16.5

在前视基准面插入并绘制草图，如图 16.6 所示，退出草图，拉伸切除，在方向 1 和方向 2 上均完全贯穿。

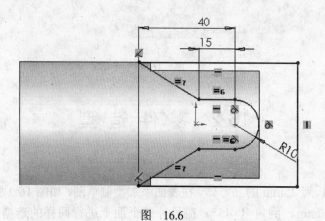

图 16.6

在前视基准面插入并绘制草图，如图 16.7 所示，退出草图，拉伸切除，在方向 1 和方向 2 上均完全贯穿，得到接头造型，如图 16.8 所示。

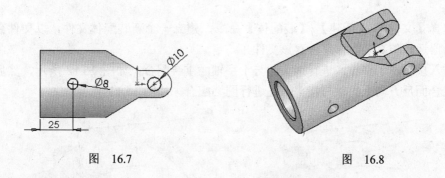

图　16.7　　　　　　　　　　　　　　　　　图　16.8

3．轴

在前视基准面插入并绘制草图，如图 16.9 所示，底边通过坐标原点，退出草图，绕底边旋转，然后再次在前视基准面插入并绘制轴销孔草图，如图 16.10 所示，退出草图，拉伸切除，在方向 1 和方向 2 上均完全贯穿，端面倒角 1×45°，得到轴造型，如图 16.11 所示。

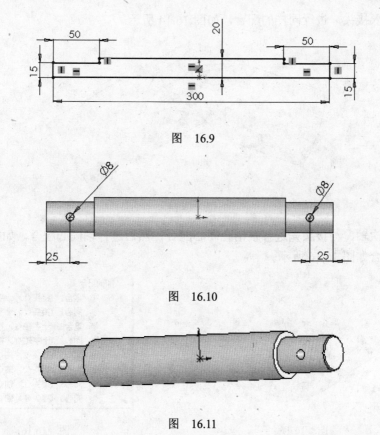

图　16.9

图　16.10

图　16.11

16.3 装　　配

选择【文件】/【新建】/【装配体】命令，建立一个新装配体文件，以文件名"万向联轴器运转仿真装配体"保存该文件。

插入接头和十字轴，进行接头面与十字轴面重合配合，如图 16.12 所示，然后将十字轴配合面反方向上的轴与接头轴孔进行同心配合，如图 16.13 所示。

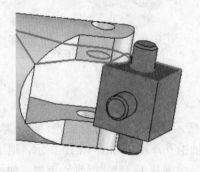
图　16.12

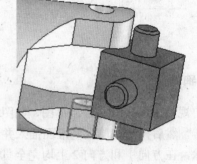
图　16.13

再次插入接头，进行同样的配合，如图 16.14 所示。

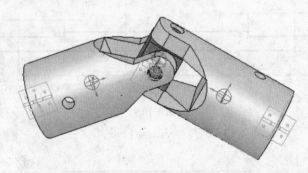
图　16.14

插入两次轴，与接头先进行轴销孔同心配合，然后进行轴同心配合，如图 16.15 所示。所有配合如图 16.16 所示。

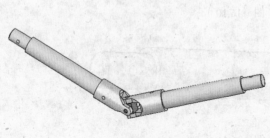
图　16.15

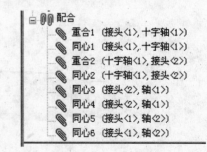
图　16.16

16.4　仿　　真

在设计树上选择运动分析图标，用右键将所有零件均设置为【运动零部件】。

16.4.1　约束与运动设置

右击设计树中的【约束】下面的【添加旋转副】，选择轴的圆周，如图 16.17 所示，定义旋转副，如图 16.18 所示，设置绕 Z 轴旋转运动，如图 16.19 所示。同样对另一根轴添加旋转副，但不设置运动。

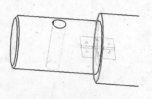

图　16.17

图　16.18

图　16.19

16.4.2　单万向联轴器仿真

选择【运动】/【选项】/【仿真】命令，仿真时间设置为 2s，帧的数目设置为 200。在 COSMOSMotion 工具栏上按下，进行仿真。

在标准视图工具栏选择上视图按钮，仿真开始位置如图 16.20 所示，时间为 1.71s时，位置如图 16.21 所示。

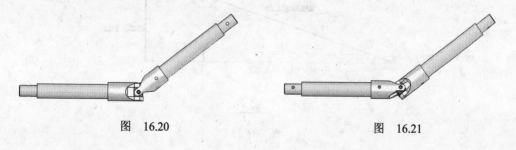

图　16.20　　　　　　　　　　　　　　　　图　16.21

右击【零部件】/【轴-1】，选择【绘制曲线】/【角速度】/【幅值】命令，如图 16.22 所示，主动轴角速度曲线如图 16.23 所示。同样，得到从动轴角速度曲线，如图 16.24 所示。

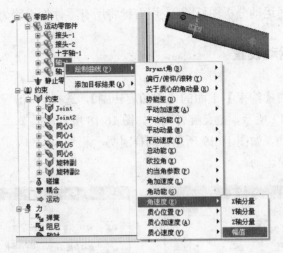

图   16.22

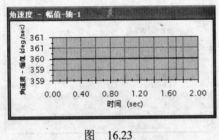

图   16.23

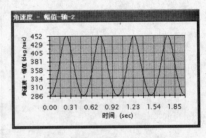

图   16.24

16.4.3   理论值与仿真值比较

选择【工具】/【测量】命令，选择轴的两端，得到此时轴的夹角α，如图 16.25 所示，可以根据长度计算出此时的夹角α值为：

$$\alpha = 2 \times \sin^{-1}(203.79/637.63) = 37.2781°$$

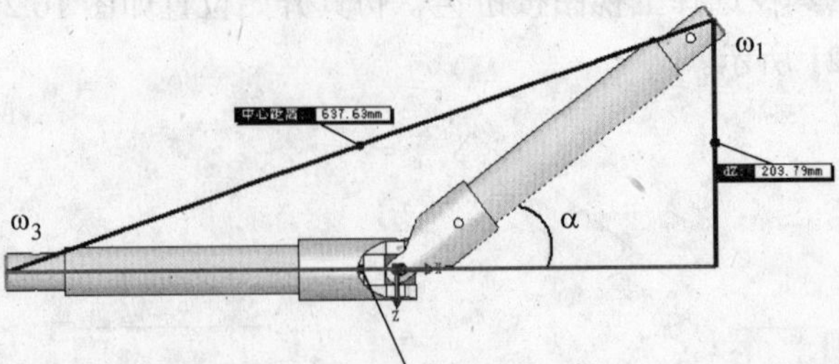

图   16.25

根据相对运动原理，主动轴角速度ω_1与从动轴ω_3关系为：

$$\omega_1\cos\alpha\leqslant\omega_3\leqslant\omega_1/\cos\alpha$$

代入$\omega_1=360°/s$，$\omega=37.2781°$，得到$286.45\leqslant\omega_3\leqslant452.43$。

从上面仿真值图 16.24 可以看出，$286\leqslant\omega_3\leqslant452$，可见，理论值与仿真值基本相同。

16.4.4　运转时夹角改变仿真

万向联轴器在机器运转时，夹角α发生改变仍然可以正常传动，这可以满足有些机器工作时轴有波动的需要。

将装配文件"万向联轴器运转仿真装配体"另保存为"万向联轴器运转仿真装配体2"，在 COSMOSMotion 工具栏上单击 ，删除仿真结果。右击【约束】/【Joint2】，选择【参与仿真】命令，取消【参与仿真】的选中状态，冻结该约束，如图 16.26 所示，再次仿真，可见仍然能够运动，此时从动轴角速度曲线如图 16.27 所示。两个不同运动位置如图 16.28 和图 16.29 所示。

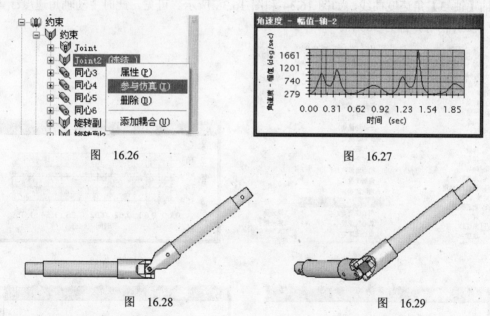

图　16.26　　　　　　　　　　　图　16.27

图　16.28　　　　　　　　　　　图　16.29

16.4.5　双万向联轴器仿真

为了使主动轴角速度ω_1与从动轴ω_3相等，再次添加一个万向联轴器，方法与前面相同。同时，安装时应保证输入轴与输出轴与中间轴之间的夹角相等，并且中间轴的两端的叉形接头应该在同一平面内，如图 16.30 或图 16.31 所示，只有这种双万向联轴器才可以得到$\omega_1=\omega_3$。

这里以图 16.30 为例来进行仿真。将装配文件"万向联轴器运转仿真装配体"另保存为"双万向联轴器运转仿真装配体"。

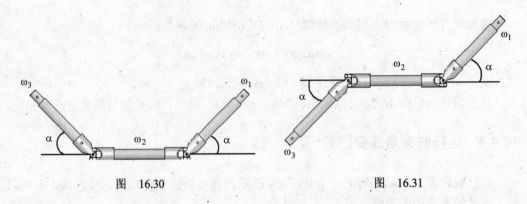

图　16.30　　　　　　　　　　　　　　　图　16.31

在装配时，为了使得输入轴与输出轴与中间轴之间的夹角相等，选择【插入】/【配合】命令，选择输出轴与中间轴进行角度配合，这里取 45°，同样输入轴与中间轴依然进行 45°配合，然后右键分别选择这两个角度配合，压缩改配合，使其不影响运动。

右击设计树上【轴–1】，选择【绘制曲线】/【角速度】/【幅值】命令，如图 16.32所示，弹出主动轴【轴–1】角速度曲线如图 16.33 所示。同样，得到中间轴【轴–2】、从动轴【轴–3】角速度曲线，如图 16.34 和图 16.35 所示。可见，此时主动轴角速度ω_1与从动轴ω_3相等，都为 360°/s。

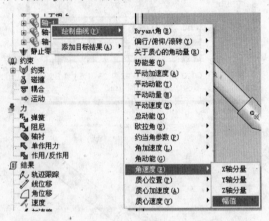

图　16.32

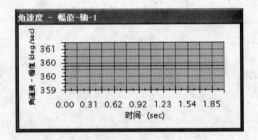

图　16.33

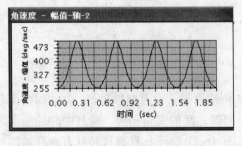

图　16.34

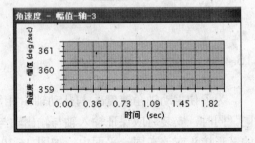

图　16.35

第 17 章

冲床仿真模拟

本章介绍冲床的造型、仿真模拟、通过添加零件之间的冲击力并进行碰撞设置、模拟冲压力,并用曲线显示冲压力随时间变化的关系。

17.1 工作原理

冲床机构如图17.1所示,主要由飞轮、连杆、冲头、冲床机座组成,当飞轮转动时,通过连杆带动冲头向下运动,在接近极限位置时完成冲压工件。

图 17.1

17.2 零件造型

1. 连杆

绘制连杆草图,如图 17.2 所示,退出草图,拉伸,厚度为 10mm。

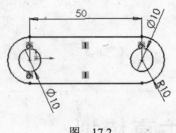

图 17.2

2．飞轮

在前视基准面插入并绘制草图，如图 17.3 所示，退出草图，绕构造线旋转，如图 17.4 所示，选择【插入】/【镜像/阵列】/【阵列】命令，将该旋转特征镜像，如图 17.5 所示。

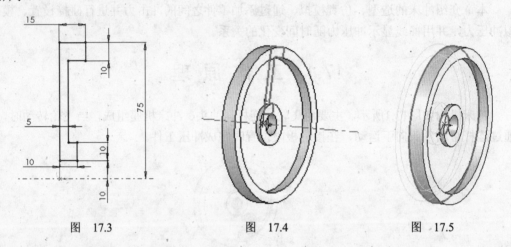

图 17.3   图 17.4   图 17.5

在飞轮内面插入并绘制草图，如图 17.6 所示，退出草图，拉伸贯穿切除，在内表面倒圆角，半径为 2mm，得到飞轮如图 17.7 所示。

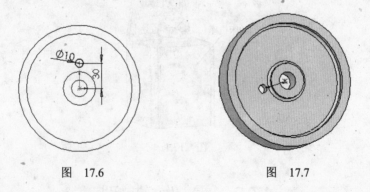

图 17.6   图 17.7

3．冲头

绘制草图，如图 17.8 所示，退出草图，旋转，如图 17.9 所示，在端面插入草图，拉伸切除，距离为 20mm。插入并绘制草图，如图 17.10 所示；退出草图，拉伸切除，在方向 1 和方向 2 上均完全贯彻，得到冲头，如图 17.11 所示。

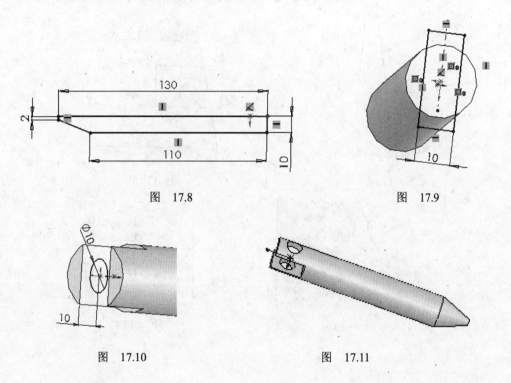

图　17.8　　　　　　　　　　　　　　图　17.9

图　17.10　　　　　　　　　　　　图　17.11

4．冲床机座

绘制草图，如图 17.12 所示，退出草图，拉伸，厚度为 120mm。选择【插入】/【特征】/【抽壳】命令，选择 130×120 的底面，如图 17.13 所示。

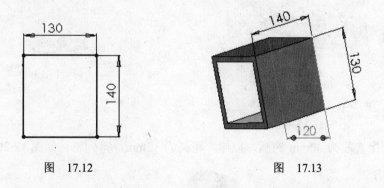

图　17.12　　　　　　　　　　　　图　17.13

在 120×140 的面上插入并绘制草图，如图 17.14 所示，退出草图，拉伸，厚度为 10mm。插入并绘制草图，如图 17.15 所示，退出草图，拉伸，厚度为 70mm。

插入并绘制草图，如图 17.16 所示，退出草图，拉伸切除，距离为 50mm。在工作面上绘制草图，如图 17.17 所示，退出草图，拉伸，距离为 10mm，拔模斜度为 20°，如图 17.18 所示。倒圆角，半径为 10mm，得到冲床机座，如图 17.19 所示。

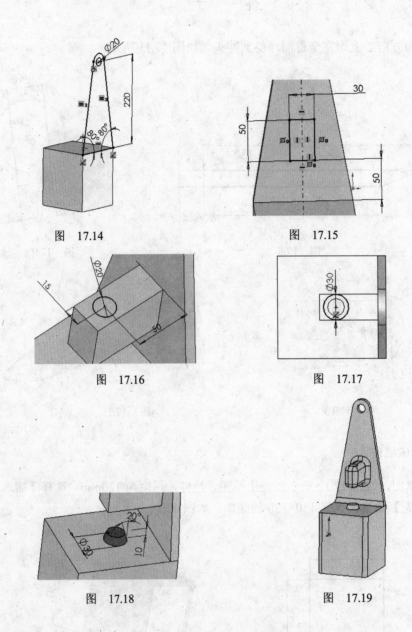

图 17.14　　　　　　　　　　图 17.15

图 17.16　　　　　　　　　　图 17.17

图 17.18　　　　　　　　　　图 17.19

5. 工件

绘制一个直径为 40mm 的圆，拉伸，距离为 12mm，得到工件如图 17.20 所示。

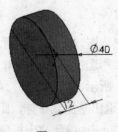

图 17.20

17.3　装　　配

选择【文件】/【新建】/【装配体】命令，建立一个新装配体文件，以文件名"冲床仿真模拟装配体"保存该文件。

插入冲床机座和冲头，进行同轴心配合，然后将连杆和冲头进行同轴心和重合配合，如图 17.21 所示。

插入飞轮，分别与冲床机座和连杆进行同轴心配合，然后将端面与冲床机座进行距离配合，距离为 5mm，如图 17.22 所示。

插入工件，与冲床机座进行重合配合，与冲头进行同轴心配合，得到装配图，如图 17.23 所示。所有配合如图 17.24 所示。

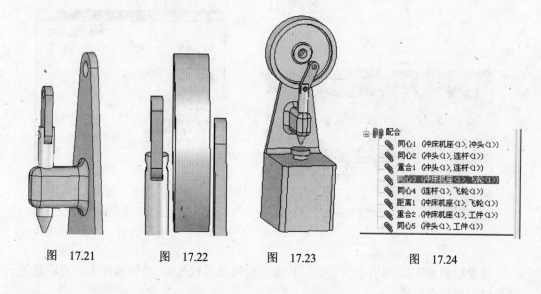

图　17.21　　　　图　17.22　　　　图　17.23　　　　图　17.24

17.4　仿　　真

在设计树上选择运动分析图标 🔗，用右键将冲床机座设置为【静止零部件】，其余设置为【运动零部件】。

17.4.1　运动与冲击设置

右击设计树中的【约束】下面的与冲床机座和飞轮的加旋转副，选择【属性】命令，设置运动如图17.25所示。右击设计树中的【力】下面的【作用/反作用】，选择【添加冲击力】命令，如图17.26所示，分别选择冲头末端圆周与机床机座上的凸台圆周，如图17.27所示。如图17.28所示的对话框中将出现相应零件信息，完成添加冲击力。

图　17.25

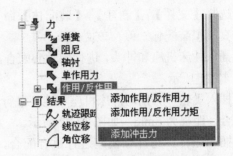

图　17.26

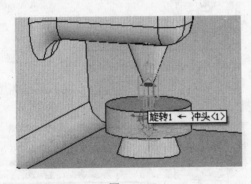

图　17.27

图　17.28

设置碰撞如图17.29所示，这里，长度一栏设置为12mm，当两零件上的点距离等于该值时，碰撞将发生。

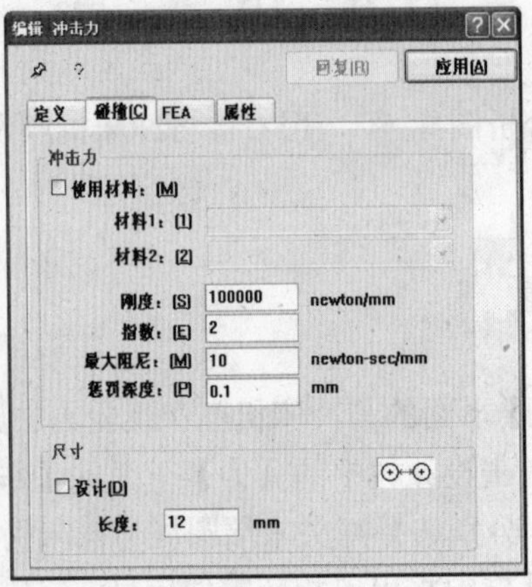

图　17.29

17.4.2　仿真模拟

选择【运动】/【选项】/【仿真】命令，仿真时间设置为2s，帧的数目设置为200。在COSMOSMotion工具栏上按下 🔳 ，进行仿真。

右击【力】下面的【作用/反作用】/【Impact】，选择【绘制曲线】/【反作用力】/【幅值】命令，如图17.30所示。得到冲头与机床机座之间的碰撞力曲线如图17.31所示，每碰撞一次，出现一次碰撞力，其余时间碰撞力为零。冲头冲击工件的瞬间，冲床各零件位置如图17.32所示。

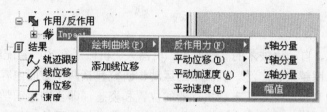

图　17.30

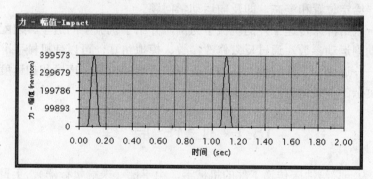

图　17.31

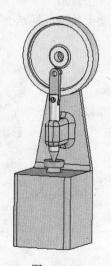

图　17.32

第18章

机械手运动仿真

随着机械化、自动化技术的高速发展，机器人、机械手在生产装配线、焊接、喷漆、装卸等方面的应用越来越广泛。机械手的运动学研究包括两个方面内容：一是给定机械手的一组运动副参数，确定其末端执行器的位置和姿态，即正向运动学问题；二是对于工作所要求的末端执行器的一个给定位置和姿态，确定机械手的一组参数，使末端执行器能达到这一给定位置和姿态，即反向运动学问题。

本章以一只给冲床传递工件的机械手为例，介绍了机械手的造型、装配，用函数形式给出各运动副运动参数，通过反复修改参数、模拟仿真，可以使机械手准确地完成送料——冲压——返回的工作过程，并得到末端执行器的位置、速度和加速度曲线，避免了传统方法复杂的非线性方程组的求解。

18.1 工 作 原 理

图 18.1 为一只给冲床传递工件的机械手，由手部（末端执行器）、手臂、立轴和机架组成。立轴可以绕自身轴线转动，手臂沿上下移动，手部沿手臂左右移动。通过各构件的旋转和移动，完成将工件从机架上拾取，递送到冲头下冲压，放置到机架上，回到原位置的一系列动作。

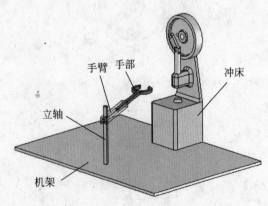

图 18.1

18.2 零件造型

1. 手部

绘制手部草图，如图 18.2 所示，退出草图，拉伸，厚度为 10mm，如图 18.3 所示。

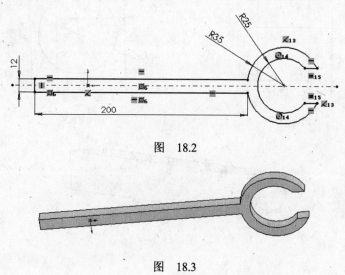

图 18.2

图 18.3

2. 手臂

绘制手臂草图，如图 18.4 所示，退出草图，拉伸，距离为 200mm。绘制草图，如图 18.5 所示，退出草图，拉伸切除，完全贯穿，得到手臂，如图 18.6 所示。

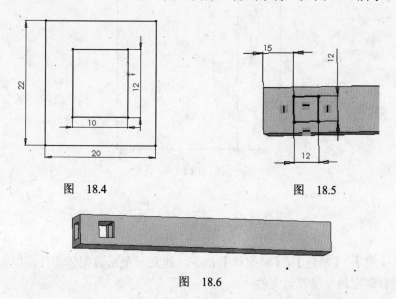

图 18.4

图 18.5

图 18.6

3. 立轴

绘制立轴草图，如图 18.7 所示，退出草图，拉伸，距离为 200mm。在端面绘制草图，如图 18.8 所示，退出草图，拉伸，距离为 10mm，得到立轴，如图 18.9 所示。

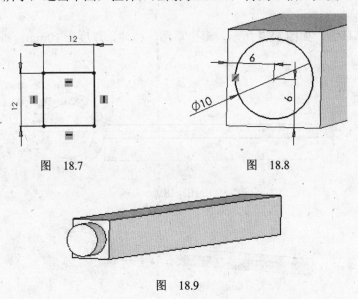

图　18.7　　　　　　　　图　18.8

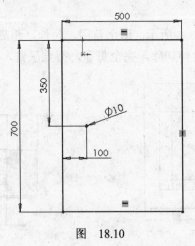

图　18.9

4. 机架

绘制机架草图，如图 18.10 所示，退出草图，拉伸，距离为 10mm，得到机架。

图　18.10

18.3　装　　配

选择【文件】/【新建】/【装配体】命令，建立一个新装配体文件，以文件名"机械手运动仿真装配体"保存该文件。

插入机架和立轴，进行轴和孔同轴心配合，立轴圆柱底面和机架底面重合配合，如图 18.11 所示。插入手臂，与立轴两个侧面进行重合配合，如图 18.12 所示。

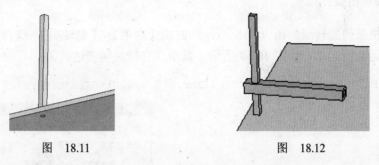

图 18.11   图 18.12

插入手部，与手臂内腔两个面分别进行重合配合，如图 18.13 所示。全部配合关系如图 18.14 所示。

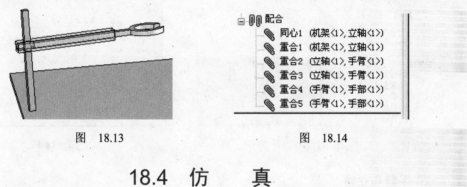

图 18.13   图 18.14

18.4 仿 真

在设计树上选择运动分析图标 ，用右键将机架设置为【静止零部件】。其余零件均设置为【运动零部件】。

18.4.1 运动设置

根据装配图中的约束，自动形成了各运动零件之间的旋转副和移动副，如图 18.15 所示。

图 18.15

给各运动副添加运动如下：

1. 立轴和机架

立轴和机架的旋转副如图 18.16 所示，右击【约束】/【旋转副】，选择【属性】命令，设置该运动副运动，如图 18.17 所示。其中，立轴旋转表达式为：

STEP(TIME,4.5,0D,5.5,90D)+STEP(TIME,8,0,9,90D)+STEP(TIME,12,0,13,180D)

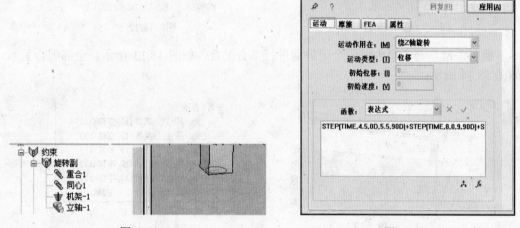

图 18.16　　　　　　　　　　　　　图 18.17

2. 手臂和立轴

手臂和立轴的移动副如图 18.18 所示，右击【约束】/【移动副】，选择【属性】命令，设置该运动副运动，如图 18.19 所示。其中，手臂移动表达式为：

STEP(TIME,3,0,4,-100) + STEP(TIME,9.5,0,10,100)

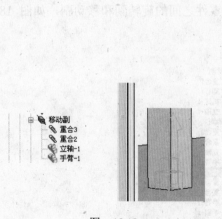
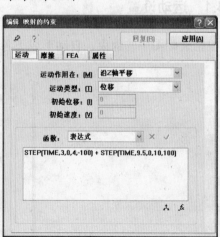

图 18.18　　　　　　　　　　　　　图 18.19

3. 手臂和手部

手臂和手部的移动副如图 18.20 所示，右击【约束】/【移动副 2】，选择【属性】命令，设置该运动副运动如图 18.21 所示。其中，手部移动表达式为：

```
STEP(TIME,0,0,1,-70)+STEP(TIME,1.5,0,2.5,70)+STEP(TIME,6,0,7,-70)+STEP
(TIME,11,0,12,70)
```

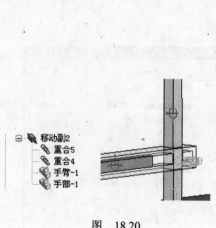

图　18.20

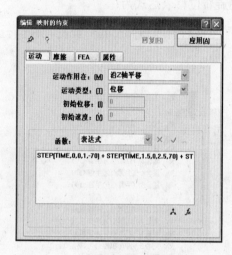

图　18.21

18.4.2　仿真

仿真时间设置为 13s，帧的数目设置为 500。在 COSMOSMotion 工具栏上按下 ▣，进行仿真。

仿真完成后，选择【结果】/【轨迹跟踪】/【生成轨迹跟踪】命令，选择手部中心圆周，得到该点运动轨迹，如图 18.22 所示。

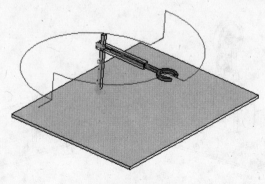

图　18.22

18.4.3 机械手与冲床联合仿真

把"冲床仿真模拟"一章中的零件添加进来，仿照前面进行装配，如图 18.23 所示。所有配合关系如图 18.24 所示。将冲床机座与飞轮中心的圆柱副添加一个运动，设置如图 18.25 所示。其中，飞轮旋转位移表达式为：

STEP(TIME,7,0D,7.5,90D)+STEP(TIME,7.5, 0D,8,-90D)

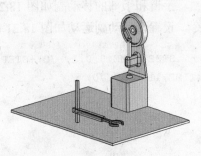

图 18.23

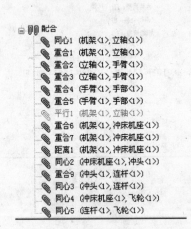

图 18.24

图 18.25

在 COSMOSMotion 工具栏上按下 ⊞，进行仿真。仿真运行时，可以看见各机械手与冲床各零件在 STEP 函数作用下，完成的动作如下：

0～1s：手部伸长 70mm，其余静止，位置如图 18.26 和图 18.27 所示。

1～1.5s：全部静止。

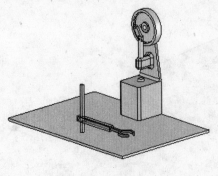

图 18.26

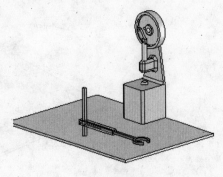

图 18.27

1.5～2.5s：手部收缩 70mm，其余静止，位置如图 18.28 所示。

2.5～3s：全部静止。

3～4s：手臂上升 100mm，其余静止，位置如图 18.29 所示。

4～4.5s：全部静止。

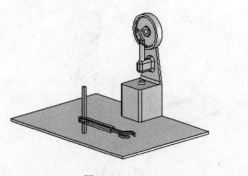 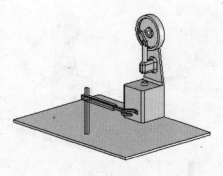

图　18.28　　　　　　　　　　　　　图　18.29

4.5～5.5s：立轴转动 90°，其余静止，位置如图 18.30 所示。

5.5～6s：全部静止。

6～7s：手部伸长 70mm，其余静止，位置如图 18.31 所示。

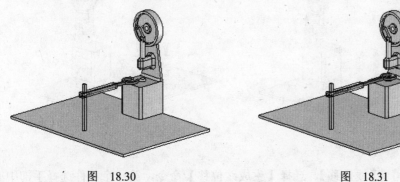

图　18.30　　　　　　　　　　　　　图　18.31

7～8s：机械手停止运动，冲头向下完成向下冲压，如图 18.32 所示，以及向上提起的动作，如图 18.33 所示。

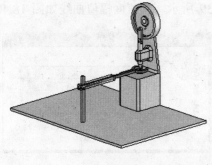 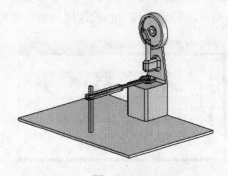

图　18.32　　　　　　　　　　　　　图　18.33

8～9s：立轴转动 90°，其余静止，位置如图 18.34 所示。

9～9.5s：全部静止。

9.5～10s：手臂下降 100mm，其余静止，位置如图 18.35 所示。

10～11s：全部静止。

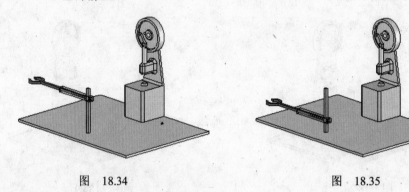

图 18.34   图 18.35

11～12s：手部收缩 70mm，其余静止。

12～13s：立轴转动 180°，回到初始位置，位置如图 18.36 和图 18.37 所示。

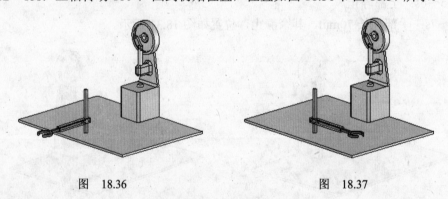

图 18.36   图 18.37

右击【结果】/【线位移】，选择【生成线位移】命令，第一个部件选择手部中心圆周，第二个部件选择机架上安装立柱的孔，得到线位移 LDisplacement。然后，右击 LDisplacement，选择【绘制曲线】/【幅值】命令，得到手部中心的位移幅值曲线，如图 18.38 所示，也可以显示出 X、Y、Z 轴各分量的值。

同样，得到手部中心的速度曲线，如图 18.39 所示，加速度幅值曲线如图 18.40 所

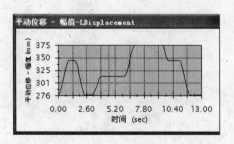

图 18.38

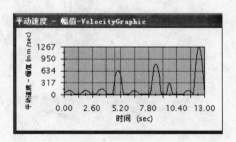

图 18.39

示，以及冲头的速度曲线如图 18.41 所示。

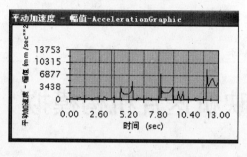

图　18.40

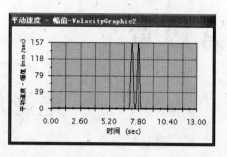

图　18.41

第19章

电影放映机送片机构模拟

本章对电影放映机送片机构进行仿真模拟，介绍了槽轮机构的造型、电影胶片的制作、利用三维碰撞实现主动销轮带动槽轮单向间歇转动，以及利用耦合设置槽轮的转动和胶片的移动比例，使胶片按照规定速度传送。

19.1　工作原理

图 19.1 为电影放映机送片机构简图，由销轮、槽轮、滚轮、胶片和片框组成。当主动销轮连续转动，圆销进入槽轮槽内时，拨动槽轮转动；圆销在槽外时，销轮外凸的圆弧锁紧槽轮，槽轮静止不动。因此在运转过程中，槽轮做单向间歇转动，当电影胶片以每秒 24 格画面匀速转动，一系列静态画面就会因视觉暂留而造成一种连续的视觉印象，产生逼真的动感。

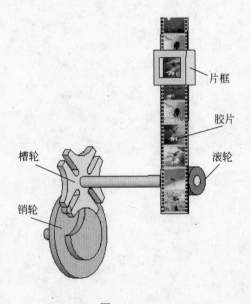

图　19.1

19.2 零件造型

1. 片框

绘制片框草图，如图 19.2 所示，退出草图，拉伸，距离为 20mm。在其上端面插入草图，如图 19.3 所示，拉伸贯穿切除，得到片框，如图 19.4 所示。

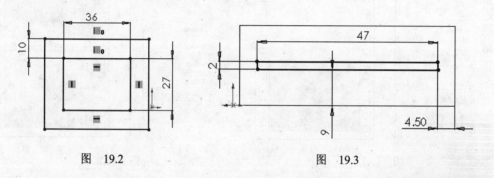

图 19.2　　　　　　　　　　　　图 19.3

2. 胶片

在胶片的另一端绘制胶片两边齿孔草图，如图 19.5 所示。选择【工具】/【草图绘制工具】/【线性草图排列和复制】命令，选择齿孔草图四线段进行排列和复制，如图 19.6 所示，退出草图，拉伸，距离为 1mm。

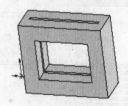

图 19.4

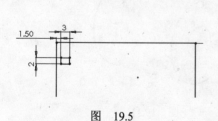

图 19.5

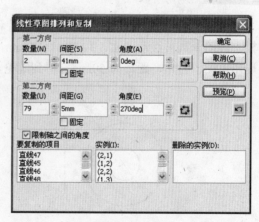

图 19.6

电影胶片技术规格较多，常见的宽度为 35mm，画幅尺寸为 24mm×18mm，这里为了便于观察，尺寸适当增大，改变为 36mm×27mm，4:3 的比例保持不变。

在胶片面上插入草图，选择【工具】/【草图绘制工具】/【草图图片】命令，把预先准备好的图片插入进来，设置如图 19.7 所示，把图片设置为 36mm×27mm，放置在胶片的中间位置。

再次选择【工具】/【草图绘制工具】/【草图图片】命令，插入下一张图片，设置只改动 Y 方向的坐标。这里两张图片之间的空白距离为 3mm，每张图片高为 27mm，所以每次 Y 坐标增加 30mm，如图 19.8 所示。插入所有的图片后，退出草图，得到胶片模型，如图 19.9 所示。

图 19.7   图 19.8

图 19.9

3. 滚轮

绘制滚轮草图，如图 19.10 所示。胶片移动一格的距离是 27+3=30mm，槽轮有四个槽，转动一周被拨动四次，共 30×4=120mm，因此滚轮直径设置为 120/3.14=38.22mm。退出草图，拉伸，距离为 50mm。得到滚轮，如图 19.11 所示。

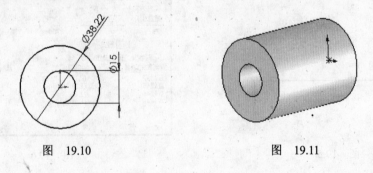

图 19.10   图 19.11

19.3 装   配

还剩下销轮和槽轮两个零件，由于这两个零件需要配合在一起才能方便地确定尺寸，所以放在装配图里面，用添加新零件的方式绘制，便于参考。

19.3.1　销轮和槽轮造型与装配

选择【文件】/【新建】/【装配体】命令，建立一个新装配体文件，以文件名"电影放映机送片机构模拟装配体"保存该文件。

选择【插入】/【零部件】/【新零件】命令，以文件名"销轮"保存该文件。

在左边的设计树中选择【前视基准面】，进入新零件的草图绘制状态界面。在原点绘制一个直径为 120mm 的圆，退出草图，拉伸，距离为 10mm。

在该圆柱体端面插入草图，绘制拨销，如图 19.12 所示，退出草图，拉伸，距离为 10mm。

在圆柱体端面再次插入草图，绘制草图，如图 19.13 所示。选择【工具】/【草图绘制工具】/【剪裁】命令，修剪草图，如图 19.14 所示。退出草图，拉伸，距离为 10mm。

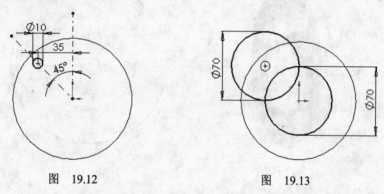

图　19.12　　　　　　　　　　　　　图　19.13

在端面插入草图，在原点绘制一个直径为 15mm 的圆，退出草图，拉伸，距离为 50mm，得到销轮轴。最后销轮造型如图 19.15 所示。

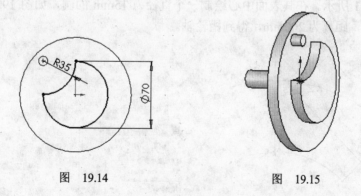

图　19.14　　　　　　　　　　　　　图　19.15

右击设计树上【电影放映机送片机构模拟装配体】，选择【编辑装配体】命令，如图 19.16 所示，退出零件编辑状态，转到装配体状态。

选择【插入】/【零部件】/【新零件】命令，以文件名"槽轮"保存该文件。

选择销轮端面绘制槽轮轮廓的四分之一草图，如图 19.17 所示。先用中心线确定轮廓的三个关键位置，绘制草图，如图 19.18 所示，注意图中的几何关系符号，要将草图全部约束，所有线段均显示为黑色，如图 19.19 所示。退出草图，拉伸，距离为 10mm。

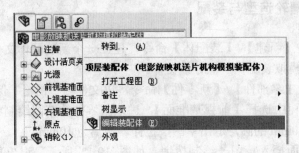

图　19.16

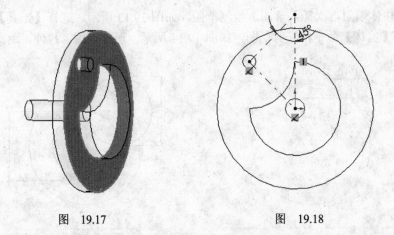

图　19.17　　　　　　　　　　　　　　图　19.18

利用对称关系，完成槽轮其余部分的造型。选择【插入】/【阵列/镜像】/【镜像】命令，将已经拉伸完毕的实体镜像，如图 19.20 所示，再重复镜像该实体两次，得到槽轮，如图 19.21 所示。在其表面中心绘制一个直径为 15mm 的圆，如图 19.22 所示。退出草图，拉伸，距离为 200mm，得到槽轮轴。

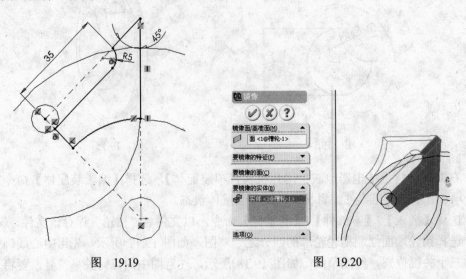

图　19.19　　　　　　　　　　　　　　图　19.20

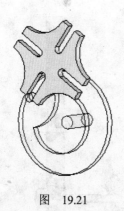

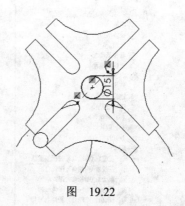

图　19.21　　　　　　　　　　　图　19.22

19.3.2　总体装配

右击设计树上【电影放映机送片机构模拟装配体】，选择【编辑装配体】命令，退出零件编辑状态，转到装配体状态。

插入滚轮，与槽轮轴端面重合配合，与同轴心配合，如图 19.23 所示。

插入胶片，与滚轮相切配合，如图 19.24 所示。与滚轮端面重合配合，如图 19.25 所示。

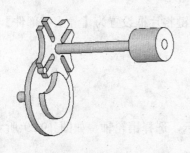

图　19.23　　　　　　　　　　　图　19.24

插入片框，为了使胶片插入片框，将胶片与片框的侧面和正面分别重合配合，如图 19.26 所示。

装配完毕的图形以及全部配合关系如图 19.27 所示。

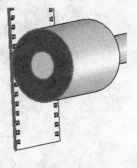

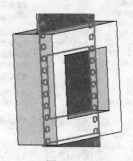

图　19.25　　　　　　　　　　　图　19.26

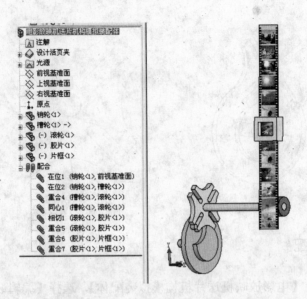

图 19.27

19.4 仿 真

在设计树上选择运动分析图标 ⬭，用右键将片框设置为【静止零部件】，其余设置为【运动零部件】。

19.4.1 添加运动

右击销轮，添加旋转副，如图 19.28 所示，选择销轮轴，如图 19.29 所示。定义运动如图 19.30 所示，设置运动如图 19.31 所示。

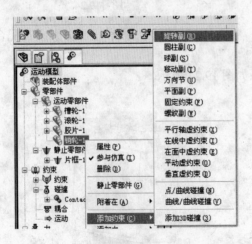

图 19.28

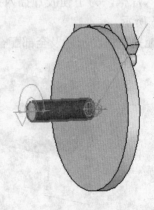

图 19.29

图　19.30　　　　　　　　　　　　　　图　19.31

　　右击槽轮，添加旋转副，选择槽轮轴，如图 19.32 所示。定义旋转副如图 19.33 所示。右击【约束】，选择【添加固定约束】命令，在滚轮和槽轮之间加上固定约束，如图 19.34 所示。

　　若以电影胶片每秒 24 格画面仿真，需要较长的胶片和仿真时间，这里简化为滚轮每秒转动一圈，胶片移动四格。

　　右击【耦合】，选择【添加耦合】命令，在滚轮转动和胶片移动之间加上耦合关系，控制其运动速度比例，设置耦合如图 19.35 所示。滚轮转动一圈，胶片移动距离为 120mm。

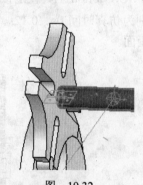

图　19.32　　　　　　　　　　　　　　图　19.33

图　19.34　　　　　　　　　　　　　　图　19.35

19.4.2 添加碰撞

右击【碰撞】，选择【添加 3D 碰撞】命令，将销轮和槽轮添加三维碰撞，如图 19.36 所示，设置参数如图 19.37 所示。

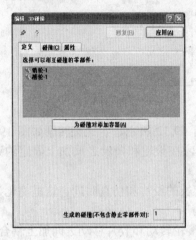

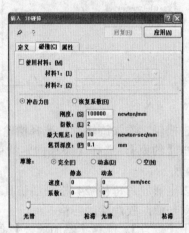

图 19.36　　　　　　　　　　　　　图 19.37

仿真时间设置为 4s，帧的数目设置为 100。在 COSMOSMotion 工具栏上按下 ▦，进行仿真。从仿真结果可以看出图 19.38～图 19.42 分别为仿真时间 0s、0.12s、0.55s、1.33s 和 3.76s 时的位置，图 19.43 为 3.76s 时第四格的画面。

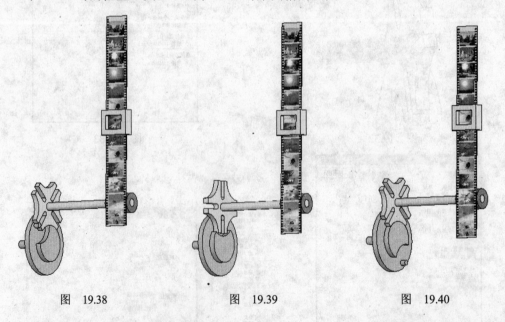

图 19.38　　　　　　　　　图 19.39　　　　　　　　　图 19.40

图 19.44 为胶片移动的位置曲线，图 19.45 为速度曲线。从位置曲线和速度曲线可以看出，槽轮机构使得胶片做间歇运动，当通过两格之间画面的时候，速度较大；在槽

轮静止不动时，保持速度为零。

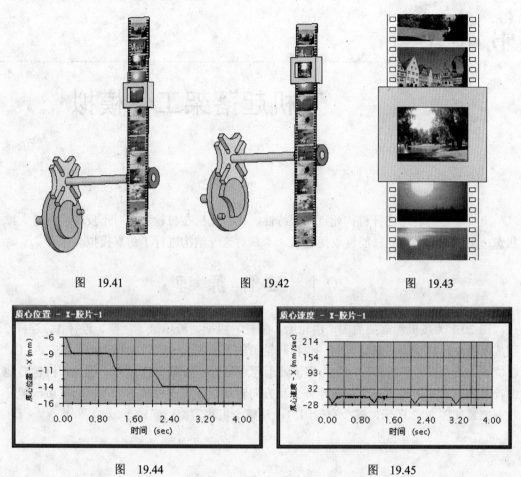

图 19.41   图 19.42   图 19.43

图 19.44   图 19.45

第**20**章

飞机起落架工作模拟

飞机起落架利用连杆机构死点位置特性，使得飞机在机轮着地时不反转，保持支撑状态；飞机起飞后，腿杆能够收拢起来。本章对这一结构进行了仿真模拟。

20.1 工作原理

图 20.1 为飞机起落架简图，由轮胎、腿杆、机架、液压缸、活塞、连杆 1、连杆 2 组成，当液压缸使得活塞伸缩时，腿杆和轮胎放下或收起。当轮胎撞击地面时，F、D、C 位于一条直线，机构的传动角为零，处于死点位置，如图 20.1 所示，因此，机轮着地时产生的巨大冲击力也不会使得连杆 2 反方向转动，保持支撑状态。飞机起飞后，腿杆收起来，如图 20.2 所示，减少空气阻力，使整个机构占据空间较小。

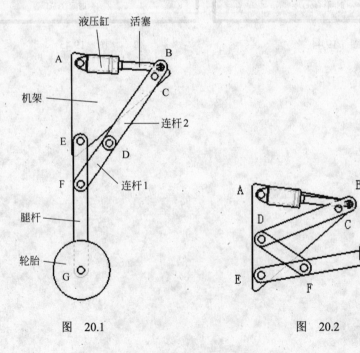

图 20.1   图 20.2

20.2 零件造型

1. 轮胎

绘制轮胎草图，如图 20.3 所示，退出草图，拉伸，厚度为 200mm；倒圆角，半径为 30mm，得到轮胎如图 20.4 所示。

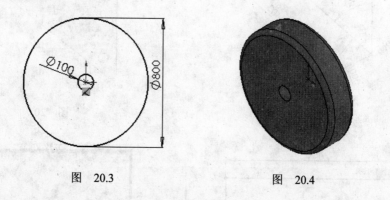

图 20.3   图 20.4

2. 腿杆

绘制腿杆草图，如图 20.5 所示，退出草图，拉伸，距离为 50mm，得到腿杆。

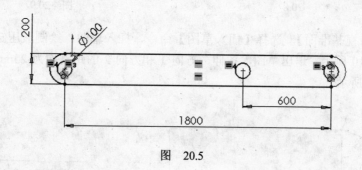

图 20.5

3. 机架

绘制机架草图，如图 20.6 所示，退出草图，拉伸，厚度为 50mm；倒圆角，半径为 50mm，得到机架如图 20.7 所示。

4. 液压缸

在前视基准面上绘制液压缸草图，如图 20.8 所示，退出草图，旋转 360°，然后选择【插入】/【特征】/【抽壳】命令，选择小圆柱端面处抽壳，厚度设置为 10mm，得到液压缸。选择【视图】/【显示】/【剖面视图】命令，液压缸剖切面视图如图 20.9 所示。

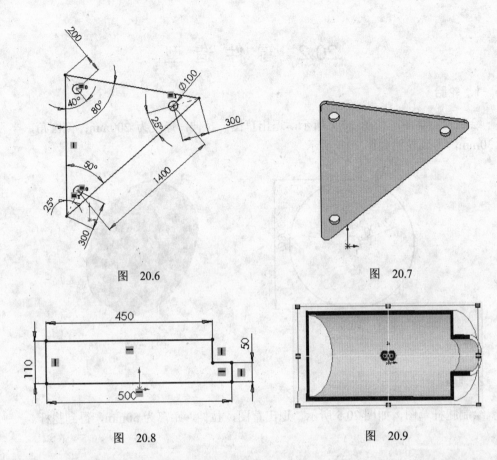

图 20.6　　　　　　　　　　　　图 20.7

图 20.8　　　　　　　　　　　　图 20.9

右击【前视基准面】，选择【插入草图】命令，插入草图，绘制液压缸尾部的安装孔，如图 20.10 所示，退出草图，拉伸，方向 1 和方向 2 的距离均为 25mm，得到液压缸如图 20.11 所示。

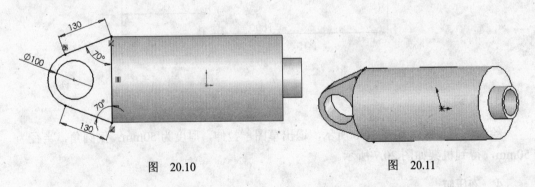

图 20.10　　　　　　　　　　　　图 20.11

5. 活塞

在前视基准面上绘制活塞草图，如图 20.12 所示，退出草图，旋转 360°，然后选择小圆柱端面插入草图，如图 20.13 所示，退出草图，拉伸切除，厚度为 100mm。在切除得到的面上绘制草图，如图 20.14 所示，拉伸切除，方向 1 和方向 2 均完全贯穿，在大端面外端倒角 10×45，里端与杆接触处倒圆角，半径为 10mm，得到活塞如图 20.15 所示。

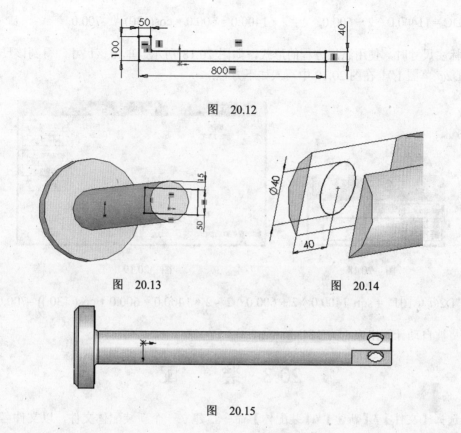

图　20.12

图　20.13　　　　　　　　　　　　图　20.14

图　20.15

6．连杆 1

绘制连杆 1 草图，如图 20.16 所示，退出草图，拉伸，距离为 50mm，得到连杆 1。

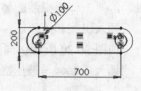

图　20.16

7．连杆 2

绘制连杆 2 草图，如图 20.17 所示，退出草图，拉伸，距离为 50mm，得到连杆 2。

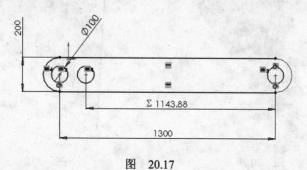

图　20.17

其中，尺寸 1143.88 是图 20.1 中 DC 的长度，由三角形 EFC 根据已知角度和长度，用余弦定理求出：

$$DC = (1400.0 \wedge 2 + 600.0 \wedge 2 - 2 * 1400.0 * 600.0 * \cos(130))^{1/2} - 700.0$$

标注尺寸时，使用添加方程的形式，如图 20.18 所示，单击该尺寸，得到该尺寸名称"D2@草图 1"，在图 20.19 中写入如下方程：

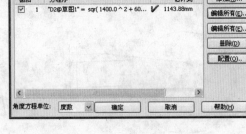

图 20.18　　　　　　　　　　图 20.19

$$"D2@草图1" = \text{sqr}(1400.0 \wedge 2 + 600.0 \wedge 2 - 2 * 1400.0 * 600.0 * \cos(130)) - 700.0$$

其值将被自动计算出来，为 1143.88mm。

20.3　装　配

选择【文件】/【新建】/【装配体】命令，建立一个新装配体文件，以文件名"飞机起落架工作模拟装配体"保存该文件。

插入机架和液压缸，进行同轴心配合，然后液压缸安装孔板面与机架面进行距离配合，如图 20.20 所示，同向对齐相距 200mm。

插入活塞，与液压缸进行同轴心配合，如图 20.21 所示。

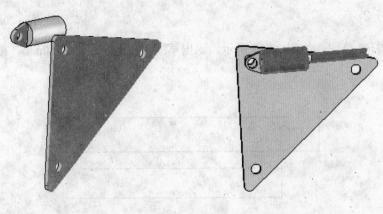

图 20.20　　　　　　　　　　图 20.21

插入连杆 2，与活塞前端孔进行同轴心配合，如图 20.22 所示；与机架表面进行平行配合，如图 20.23 所示。与机架孔同轴心配合。

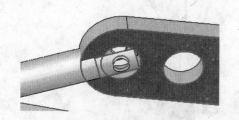

图　20.22

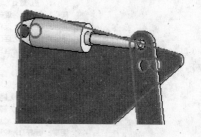

图　20.23

插入连杆 1，与连杆 2 进行面重合配合，端孔同轴心配合，如图 20.24 所示。

插入腿杆，与机架孔进行同轴心配合，与连杆 1 端孔同轴心配合，与连杆 1 进行面重合配合，如图 20.25 所示。

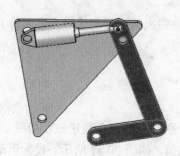

图　20.24

图　20.25

插入轮胎，与连杆 1 端孔进行同轴心配合，与连杆 1 面进行距离配合，如图 20.26 所示，同向对齐相距 75mm。

连杆 1 与连杆 2 进行面重合配合，如图 20.27 所示，使其初始位置在一直线上，然后右键选择该配合，压缩，不影响仿真。

装配完毕后的机构以及所有配合关系如图 20.28 所示。

图　20.26

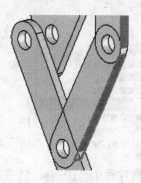

图　20.27

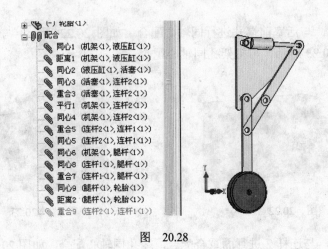

图 20.28

20.4 仿　真

在设计树上选择运动分析图标 ，用右键将机架设置为【静止零部件】，其余零件均设置为【运动零部件】。

20.4.1 运动设置

右键选择添加移动副如图 20.29 所示，分别选择活塞和液压缸，如图 20.30 所示，位置选择液压缸圆周边线，方向选择液压缸端面，如图 20.31 所示。设置运动如图 20.32 所示。其中函数：

STEP(TIME,0,0,1,60) + STEP(TIME,2,0,3,–60)

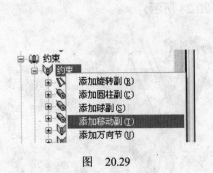

图　20.29

图　20.30

该函数表示，在仿真过程中，0～1s，活塞移动 60mm；1～2s，保持静止；2～3s，活塞反向移动 60mm，恢复原状。

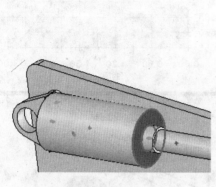

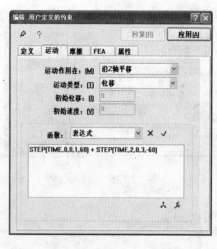

图　20.31　　　　　　　　　　图　20.32

20.4.2　仿真模拟

仿真时间设置为 3s，帧的数目设置为 200。在 COSMOSMotion 工具栏上按下 ▦ ，进行仿真。

仿真完成后，右击【结果】/【线位移】，选择【生成线位移】命令，选择活塞顶端和液压缸顶端的圆周线，如图 20.33 所示，得到活塞的线位移轨迹，如图 20.34 所示。

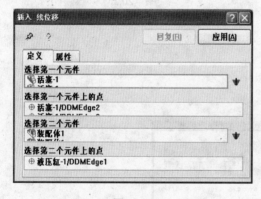

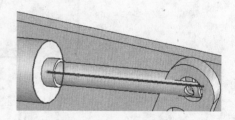

图　20.33　　　　　　　　　　图　20.34

右击【线位移】/【LDisplacement】，选择【绘制曲线】/【幅值】命令，如图 20.35 所示，选择活塞随时间移动的关系曲线，如图 20.36 所示。

当仿真时间为 0s 的时候，起落架位置如图 20.37 所示，当轮胎撞击地面时，腿杆成为主动件，此时连杆 1 和连杆 2 拉伸成一直线，机构的传动角为零，处于死点位置，使连杆 2 转动的有效分力为零，机构处于死点位置。当仿真时间为 0～1s 时，起落架逐渐向内收拢；仿真时间为 1～2s 时，机构位置如图 20.38 所示；当仿真时间为 2～3s 时，起落架逐渐撑开，如图 20.39 所示，直到连杆 1 和连杆 2 拉伸成一直线。

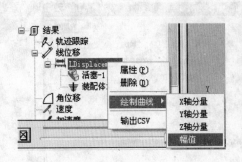

图 20.35

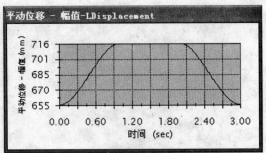

图 20.36

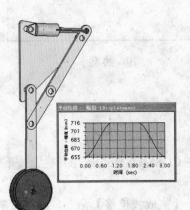

图 20.37

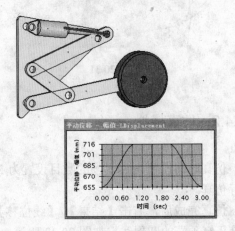

图 20.38

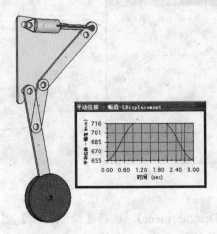

图 20.39

第21章

传送带运转模拟

传送带是一种常用的机械，其特点是需要用较多的链板组成，使得仿真具有一定的难度。本章介绍传送带运转模拟，通过装配约束、点和曲线碰撞设置以及恰当地施加驱动力，得到平衡运转的传送带仿真动画，以及传送带移动的速度曲线。

21.1 工 作 原 理

传送带运动如图21.1所示，由链板A、链板B、轨道组成，在动力作用下，传送带以较平稳的速度移动，传送放置在上面的工件或货物。

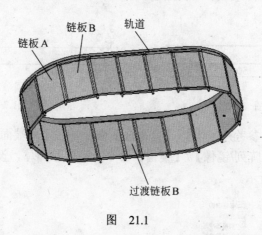

图 21.1

21.2 零 件 造 型

1. 链板A

绘制链板A草图，如图21.2所示，退出草图，拉伸，厚度为800mm。在端面上插入草图，如图21.3所示，拉伸，设置如图21.4所示。得到链板A如图21.5所示。

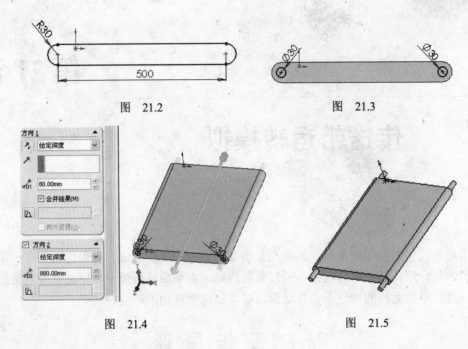

图 21.2

图 21.3

图 21.4

图 21.5

2. 链板 B

绘制链板 B 草图，如图 21.6 所示，退出草图，拉伸，厚度为 800mm。在端面上插入草图，如图 21.7 所示，拉伸，厚度为 20mm。

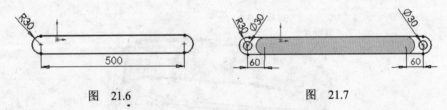

图 21.6

图 21.7

选择【插入】/【参考几何体】/【基准面】命令，在距离端面 400mm 处插入一基准面，选择【插入】/【阵列/镜像】/【镜像】命令，镜像拉伸体，设置如图 21.8 所示，得到链板 B 如图 21.9 所示。

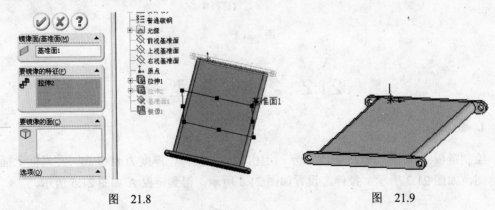

图 21.8

图 21.9

3. 过渡链板 B

由于若干链板 A 和链板 B 铺设在轨道上后，不一定刚好铺得和轨道长度一致，就需要一个宽度不同的过渡链板来弥补其空缺位置，在安装完毕后，通过测量空缺位置距离，并根据链板 A 和链板 B 相间铺设的原则，这里确定过渡链板为链板 B，长度如图 21.10 所示，绘制该草图，仿照链板 B 造型，得到过渡链板 B 如图 21.11 所示。

图　21.10　　　　　　　　　　　　　　　　图　21.11

4. 轨道

绘制轨道草图，如图 21.12 所示，选择所有线段，选择【工具】/【样条曲线工具】/【套合样条曲线】命令，如图 21.13 所示，将各草图段套合为一条样条曲线，退出草图。

图　21.12　　　　　　　　　　　　　　　　图　21.13

右击【右视基准】，插入草图，在垂直于轨道的面上绘制草图，如图 21.14 所示。退出草图，选择【插入】/【凸台/基体】/【扫描】命令，选择轮廓和路径，扫描得到图 21.15 所示的轨道。

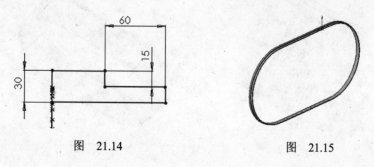

图　21.14　　　　　　　　　　　　　　　　图　21.15

21.3 装   配

选择【文件】/【新建】/【装配体】命令，建立一个新装配体文件，以文件名"传送带运转模拟装配体"保存该文件。

插入轨道和链板 A，一端的两个柱体分别与轨道进行相切配合，如图 21.16 和图 21.17 所示，柱体端面与轨道重合配合，如图 21.18 所示。

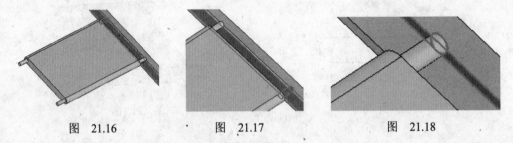

图 21.16   图 21.17   图 21.18

插入轨道和链板 B，端面与链板 A 端面重合配合，如图 21.19 所示，孔与链板 A 的轴同轴心配合，如图 21.20 所示。

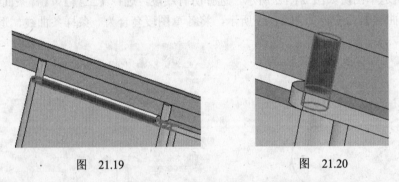

图 21.19   图 21.20

同样，反复插入链板 A 和链板 B，最后插入一块过渡链板 B。其装配方式为：一个孔与链板 A 同轴心配合，端面与链板 A 端面重合配合，这两个与前面一样，但是由于装配误差，另一个孔不能与链板 A 同轴心配合，这里采用其上平面与链板 A 的边线进行重合配合，这样就可以使得其在运转过程中保持正确的运动，如图 21.21 所示。

装配完毕，传送带如图 21.22 所示。

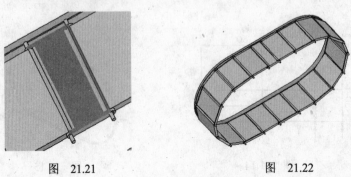

图 21.21   图 21.22

21.4　仿　　真

在设计树上选择运动分析图标 ，用右键将轨道设置为【静止零部件】。其余零件均设置为【运动零部件】。

21.4.1　添加点-曲线碰撞

为了使得运动时链板 A 的铰链圆柱伸出端始终与轨道保持接触，添加点-曲线碰撞，如图 21.23 所示，点为铰链圆柱中心，选择圆周，如图 21.24 所示，曲线选择轨道上与该圆心重合的曲线。

同样地，将所有与轨道接触的链板 A 的铰链圆柱添加这样的点-曲线碰撞。

图　21.23

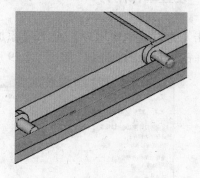

图　21.24

21.4.2　设置作用/反作用力

右击【力】/【作用/反作用】，选择【作用/反作用力】命令，选择位于轨道中间的链板 A，设置如图 21.25 所示，【选择第一个部件上的点】选择链板 A 的铰链圆柱的圆周，【选择第二个部件上的点】选择链轨道上与该圆周中心重合的曲线，如图 21.26 所示。作用/反作用力的大小设置为 0，如图 21.27 所示。这里，主要通过设置作用/反作用，得到运动的链板 A 与轨道上两个标记点，设置作用力函数时要用到。

图　21.25

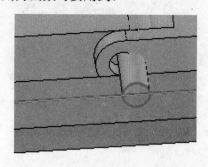

图　21.26

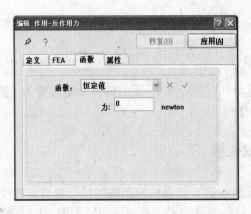

图　21.27

21.4.3　设置单作用力

右击【力】/【单作用力】，选择【添加单作用力】命令，如图 21.28 所示，【选择位置】选择链板 B 上的长竖线，如图 21.29 所示。

图　21.28

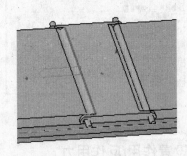

图　21.29

【选择方向】选择链板 B 上的横线，如图 21.30 所示，单作用力大小，设置如图 21.31所示。其中，函数 VM（3681，3682）为标记（Marker）3681 与 3682 的相对速度值，选择 ⼈，在图 21.32 中选择 Marker3681 与 Marker3682。作用力若设置为常数，则带运动速度会越来越快。

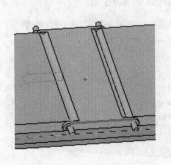

图　21.30

图　21.31

同样，在相邻的链板 B 上再次添加一作用力，如图 21.33 所示，这样有利于整个带通过一些特殊位置。

图　21.32

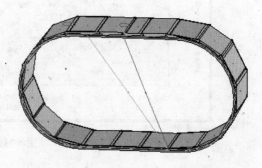

图　21.33

21.4.4　仿真

仿真时间设置为 115s，帧的数目设置为 100。在 COSMOSMotion 工具栏上按下 ，进行仿真。仿真运转中的两个位置如图 21.34 和图 21.35 所示。

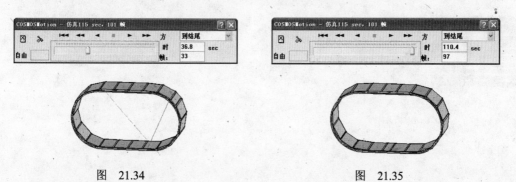

图　21.34

图　21.35

仿真完成后，选择一块链板，查看其平动速度，如图 21.36 所示。得到图 21.37 所

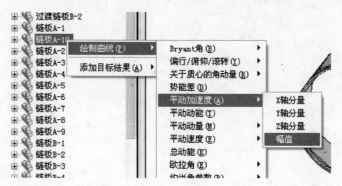

图　21.36

示平动速度幅值曲线，可见平动速度波动较小。

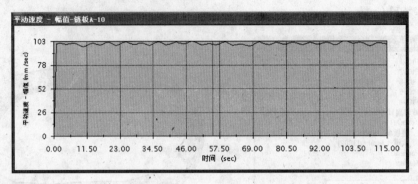

图　21.37

第22章

剪式升降平台

剪式升降平台利用多个平行四边形伸缩架，可获得较大的伸缩行程，本章对这一结构进行了仿真模拟，通过仿真，可以得到平台的位移、速度、加速度的变化情况，也可以得到液压缸产生运动的力，活塞的位移曲线等。

22.1 工 作 原 理

图 22.1 为剪式升降平台简图，由平台、支撑杆、长横杆、短横杆、液压缸、活塞、机座组成，长横杆和短横杆与支撑杆之间形成铰接，支撑杆长度均相等，这种多个平行四边形伸缩架，可获得较大的伸缩行程，当液压缸使得活塞伸缩时，带动长横杆在机座导槽内滑动和支撑杆运动，使得平台在铅垂方向升降。

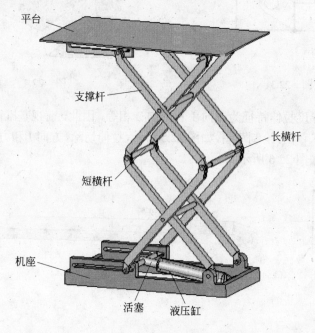

图 22.1

22.2 零件造型

1. 支撑杆

在前视基准面中绘制支撑杆草图，如图 22.2 所示，退出草图，拉伸，方向 1 和方向 2 均为 25mm。在其端面插入草图，如图 22.3 所示，拉伸切除，距离为 15mm。同样，在另一端面进行对称切除，得到图 22.4 所示的形状。

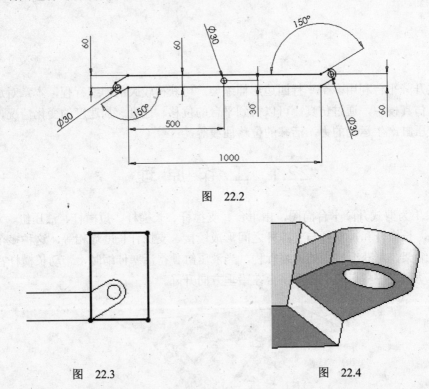

图 22.2

图 22.3　　　　　　　　　　　图 22.4

由于支撑杆厚度拉伸特征为方向 1 和方向 2 相等，因此，前视基准面为其中间平面。在前视基准面插入草图，绘制草图，如图 22.5 所示，拉伸切除，方向 1 和方向 2 均为 10mm，得到支撑杆造型如图 22.6 所示。

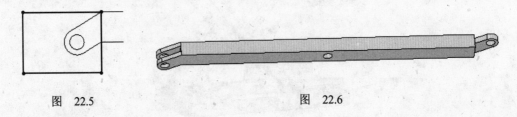

图 22.5　　　　　　　　　　　图 22.6

2. 长横杆

在前视基准面中绘制长横杆草图，如图 22.7 所示，退出草图，旋转，得到如图 22.8

所示的长横杆。

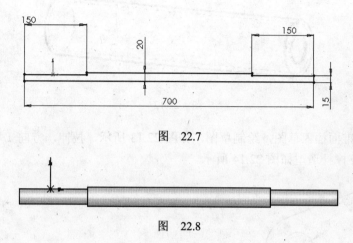

图　22.7

图　22.8

3．短横杆

在前视基准面中绘制短横杆草图，如图 22.9 所示，退出草图，旋转，得到如图 22.10 所示的短横杆。

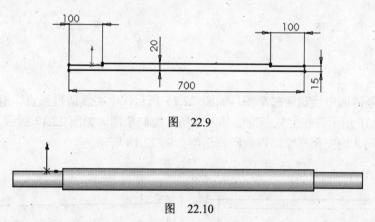

图　22.9

图　22.10

4．液压缸

在前视基准面中绘制液压缸草图，如图 22.11 所示，为了使得基准面通过液压缸轴线，便于后面绘图，中心线需通过原点。退出草图，旋转，如图 22.12 所示。

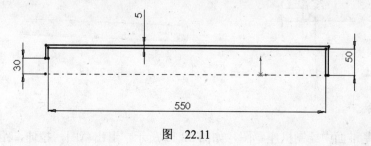

图　22.11

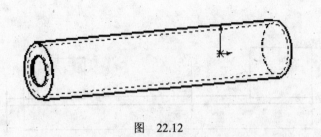

图 22.12

在上视基准面插入草图，绘制草图，如图 22.13 所示，拉伸，方向 1 和方向 2 均为 10mm，得到支撑杆造型如图 22.14 所示。

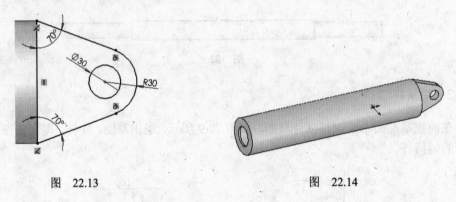

图 22.13　　　　　　　　　　　　图 22.14

5. 活塞

在前视基准面中绘制活塞草图，如图 22.15 所示，中心线通过原点。退出草图，旋转，如图 22.16 所示。在上视基准面插入草图，绘制草图，如图 22.17 所示，拉伸切除，方向 1 和方向 2 均完全贯穿，得到活塞造型如图 22.18 所示。

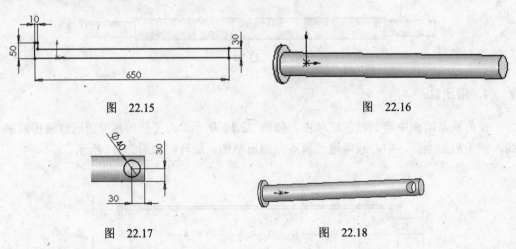

图　22.15　　　　　　　　　　　图　22.16

图　22.17　　　　　　　　　　　图　22.18

6. 平台

在前视基准面中绘制机座草图，如图 22.19 所示，退出草图，拉伸，距离为 10mm。

选择【插入】/【参考几何体】/【基准面】命令，设置如图 22.20 所示。距离侧面 235mm 处添加一基准面，在该基准面插入草图，绘制草图，如图 22.21 所示，退出草图，拉伸，距离为 20mm。

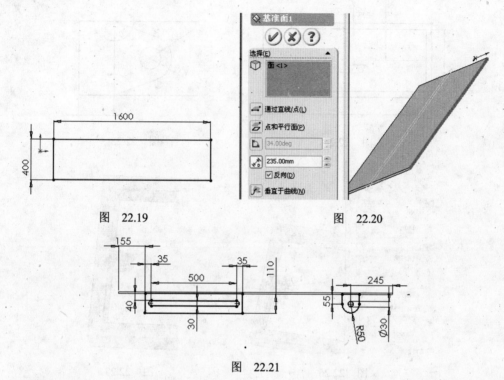

图　22.19　　　　　　　　　　　　　　　　　　图　22.20

图　22.21

选择【插入】/【阵列/镜像】/【镜像】命令，以侧面为镜像面，设置如图 22.22 所示，得到图 22.23 所示的平台。

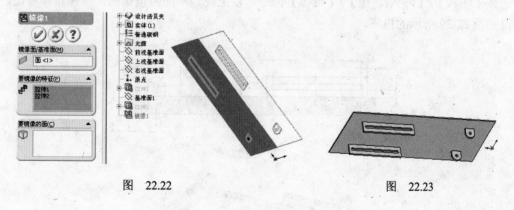

图　22.22　　　　　　　　　　　　　　　　图　22.23

7. 机座

在前视基准面中绘制机座草图，如图 22.24 所示，中心线通过原点。退出草图，拉伸，距离为 100mm。在上视基准面插入草图，绘制草图，如图 22.25 所示，等距拉伸，设置参数如图 22.26 所示。

选择【插入】/【阵列/镜像】/【镜像】命令，以上视基准面为镜像面，镜像等距拉伸，得到图 22.27 所示的造型。

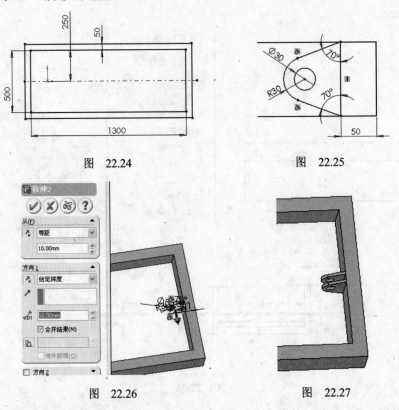

图　22.24　　　　　　　　　　　图　22.25

图　22.26　　　　　　　　　　　图　22.27

在框架端面插入草图，绘制草图，如图 22.28 所示，退出草图，拉伸，距离为 50mm。选择【插入】/【阵列/镜像】/【镜像】命令，以上视基准面为镜像面，镜像拉伸特征，得到图 22.29 所示的机座。

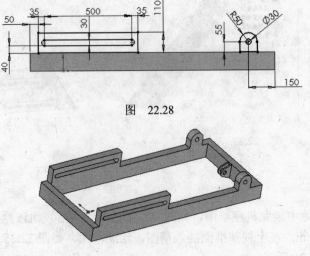

图　22.28

图　22.29

22.3 装　　配

选择【文件】/【新建】/【装配体】命令，建立一个新装配体文件，以文件名"剪式升降平台装配体"保存该文件。

插入机座和支撑杆，端面重合配合，如图 22.30 所示，同轴心配合，如图 22.31 所示。

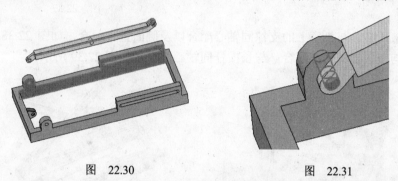

图　22.30 图　22.31

再次插入支撑杆，与机座端面重合配合，如图 22.32 所示；插入长横杆，长横杆端面与支撑杆重合配合，如图 22.33 所示；长横杆柱面与机座槽相切配合，如图 22.34 所示；长横杆柱面与机座槽相切配合，与支撑杆同轴心配合，如图 22.35 所示。

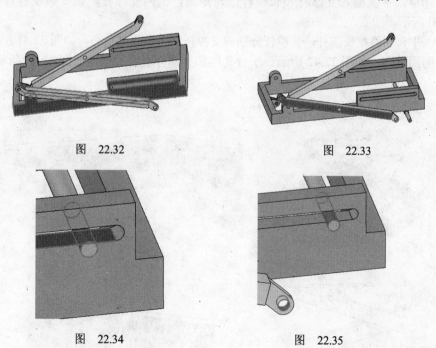

图　22.32 图　22.33

图　22.34 图　22.35

将各零件移动到较恰当位置，如图 22.36 所示，插入另一长横杆，与两支撑杆同轴心配合，与外面的支撑杆端面重合配合，如图 22.37 所示。

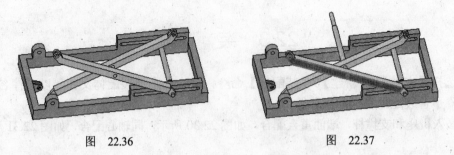

图 22.36   图 22.37

插入液压缸，与机座上的支撑同轴心配合以及侧面重合配合，如图 22.38 所示，插入活塞，与液压缸同轴心配合，与长横杆同轴心配合，如图 22.39 所示。

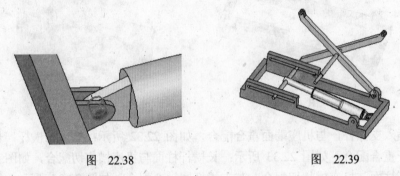

图 22.38   图 22.39

同样地，多次插入支撑杆和长横杆，对距离近的两支撑杆，用一短横杆连接，如图 22.40 所示。

插入平台和两根长横杆，长横杆分别与支撑杆和平台孔同轴心，如图 22.41 所示，与支撑杆侧面重合，如图 22.42 所示。平台孔座和支撑杆重合配合，如图 22.43 所示。

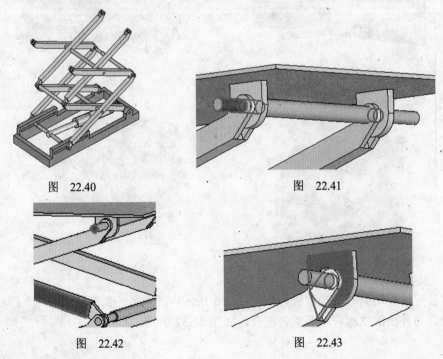

图 22.40   图 22.41

图 22.42   图 22.43

支撑杆和长横杆端面重合配合，如图 22.44 所示。长横杆与支撑杆同轴心配合，与平台移动孔相切配合，如图 22.45 所示。安装完毕，如图 22.46 所示。

为了使得初始位置时平台位置最低，把图 22.47 中两支撑杆面进行重合配合，完毕后用右键在配合栏里选择压缩，如图 22.48 所示，使该配合不约束仿真。

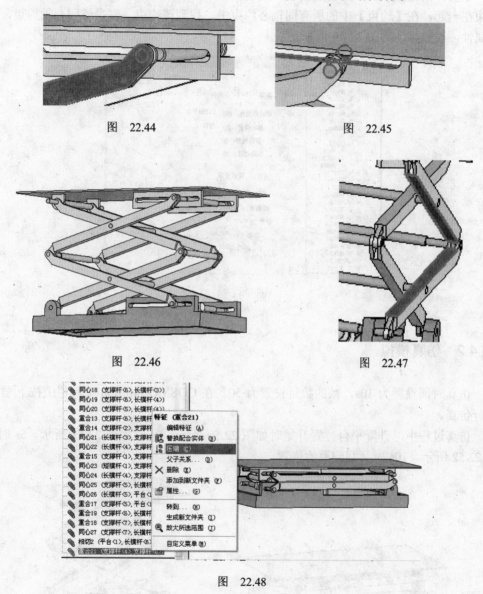

图　22.44　　　　　　　　　　图　22.45

图　22.46　　　　　　　　　　图　22.47

图　22.48

22.4　仿　　真

在设计树上选择运动分析图标 🖉，用右键将机座设置为【静止零部件】，其余设置为【运动零部件】。

22.4.1　添加运动

原动件活塞在液压缸里往复移动，推动平台升降，液压缸和活塞前面已经用同轴心约束在一起，在【约束】中的所有同轴心约束中，找到该约束，右击该同心轴约束，选择属性，设置运动如图 22.49 所示。

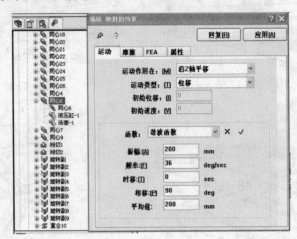

图　22.49

22.4.2　仿真模拟

仿真时间设置为 10s，帧的数目设置为 50。在 COSMOSMotion 工具栏上按下 ▣，进行仿真。

仿真过程中，升降平台位置开始时如图 22.50 所示，2s 时如图 22.51 所示，5s 时如图 22.52 所示，10s 时又回到原始位置。

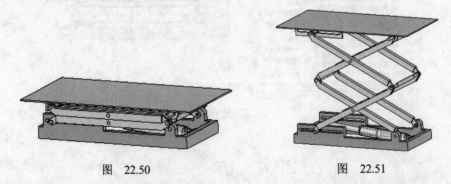

图　22.50　　　　　　　　　　　　　　　　图　22.51

仿真完成后，右击液压缸和活塞前所在的【同心】约束，选择【绘制曲线】/【平动位移】/【Z 轴分量】命令，如图 22.53 所示，得到位移曲线如图 22.54 所示，与设置的位移运动一致。产生运动的力随时间变化如图 22.55 所示。

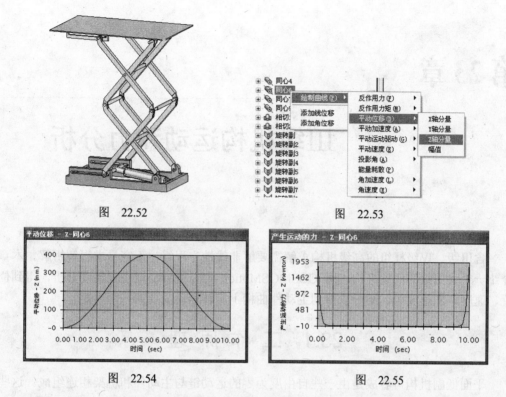

图　22.52　　　　　　　　　　　　　　图　22.53

图　22.54　　　　　　　　　　　　　　图　22.55

在设计树上右击【平台】，选择【绘制曲线】/【质心位置】/【Z】命令，如图 22.56
所示，得到平台位移曲线如图 22.57 所示。可见，平台移动的区间为 0 到
1915–326=1589mm。平台速度和加速度曲线分别如图 22.58 和图 22.59 所示。

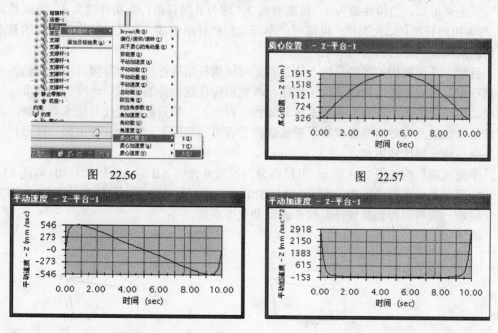

图　22.56　　　　　　　　　　　　　　图　22.57

图　22.58　　　　　　　　　　　　　　图　22.59

第23章

Ⅲ级机构运动和力分析

含Ⅲ级、Ⅳ级杆组的高级机构求解需要解非线性方程组，不容易求得解析解。本章介绍一个含Ⅲ级的低副机构，用 COSMOSMotion 可以很容易地进行运动分析，得到位置、速度、加速度等，还可以得到主动件曲柄上旋转运动需要的平衡力矩。

23.1 工作原理

平面低副机构可看成是由一些自由度为零的运动链与主动件和机架相连组成。这些不可再分解的、自由度为零的运动链称为基本杆组，简称杆组。设组成杆组的构件数为 n，低副数为 P_L，则其自由度：

$$F=3n-2P_L=0$$

从上式可知，当构件数为 2，低副数为 3，称为Ⅱ级杆组；当构件数为 4，低副数为 6，称为Ⅲ级杆组；以此类推，机构可由不同级别的杆组组成，通常以机构中包含的基本杆组的最高级别命名机构的级别。

目前，Ⅱ级机构的运动分析方法是首先对机构杆组进行拆分，得到组成机构的各种Ⅱ级杆组，然后分别调用计算机子程序，得到机构任意构件的位置、速度、加速度。而Ⅲ级、Ⅳ级杆组的位置分析需要求解非线性方程组，一般只能用迭代方法求数值解，其算法是否收敛及收敛快慢要取决于初值选得是否恰当等因素，因此，含Ⅲ级、Ⅳ级杆组的高级机构求解比较困难。

平面低副机构如图 23.1 所示，可以拆分为原动件曲柄 AB 和一个Ⅲ级杆组，如图 23.2 所示，因此是一个Ⅲ级机构，用 COSMOSMotion 进行运动分析，只需要给铰链 A 添加一个运动，就可以得到其他任何构件的运动及力参数。

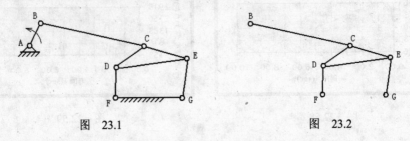

图　23.1　　　　　　　　　　　　　　图　23.2

23.2　零件造型

1. 曲柄 AB

绘制曲柄 AB 草图，如图 23.3 所示，退出草图，拉伸，厚度为 5mm。

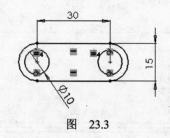

图　23.3

2. 杆 BC

绘制杆 BC 草图，如图 23.4 所示，退出草图，拉伸，厚度为 5mm。

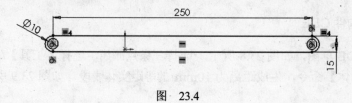

图　23.4

3. 杆 DF

绘制杆 DF 草图，如图 23.5 所示，退出草图，拉伸，厚度为 5mm。

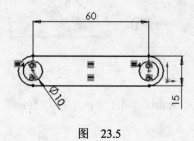

图　23.5

4. 杆 EG

绘制杆 EG 草图，如图 23.6 所示，退出草图，拉伸，厚度为 5mm。

5. 机架

绘制机架草图，如图 23.7 所示，退出草图，拉伸，厚度为 5mm。

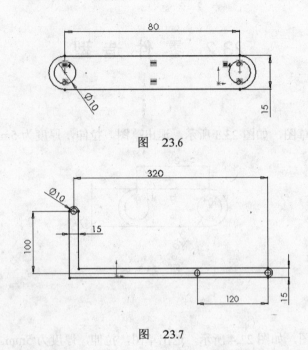

图　23.6

图　23.7

6. 三角构件 CDE

绘制杆 CDE 草图，如图 23.8 所示，选择三条点画线，选择【工具】/【草图绘制工具】/【等距实体】命令，生成距离为 10mm 的等距实体线段，如图 23.9 所示。

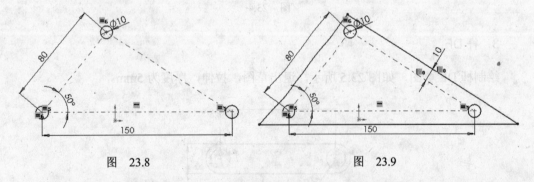

图　23.8   图　23.9

退出草图，拉伸，厚度为 5mm，倒圆角，半径为 5mm，得到图 23.10 所示的三角构件 CDE。

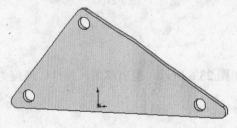

图　23.10

23.3 装   配

选择【文件】/【新建】/【装配体】命令，建立一个新装配体文件，以文件名"Ⅲ级机构运动和力分析装配体"保存该文件。

首先插入机架，再插入杆 DF 和杆 EG，分别与机架进行轴和孔同轴心配合，表面重合配合，如图 23.11 所示。

插入三角构件 CDE，与杆 DF 和杆 EG 进行轴和孔同轴心配合，与杆 DF 进行表面重合配合，如图 23.12 所示。

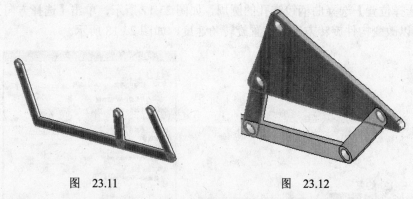

图   23.11   图   23.12

插入杆 BC，与三角构件 CDE 进行杆同轴心配合，表面重合配合。最后插入曲柄 AB，与杆 BC 进行杆同轴心配合，表面重合配合，与机架进行杆同轴心配合，所有配合关系以及完整装配图如图 23.13 所示。

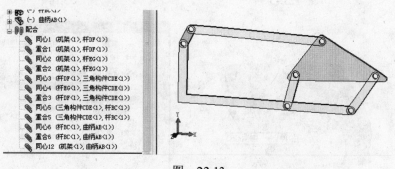

图   23.13

右击机架，选择【隐藏】命令，得到Ⅲ级机构模型如图 23.14 所示。

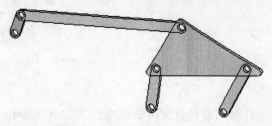

图   23.14

23.4 仿 真

在设计树上选择运动分析图标 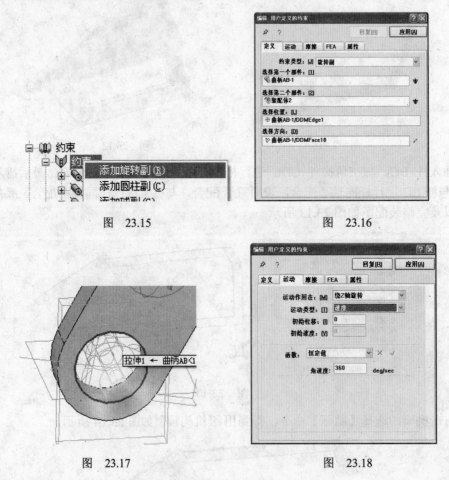，用右键将机架设置为【静止零部件】。其余零件均设置为【运动零部件】。

23.4.1 运动设置

右击【约束】，选择【添加旋转副】命令，如图 23.15 所示，设置其属性，如图 23.16 所示，【选择位置】选择曲柄铰链孔的圆周，如图 23.17 所示，单击【选择方向】右边的箭头，可以改变构件旋转方向。设置旋转角速度，如图 23.18 所示。

图 23.15　　　　　　　　　　　　图 23.16

图 23.17　　　　　　　　　　　　图 23.18

23.4.2 仿真

仿真时间设置为 1s，帧的数目设置为 200。在 COSMOSMotion 工具栏上按下 ▦，进行仿真。

仿真完成后，右击【杆 EG】，选择【绘制曲线】/【角速度】/【Z 轴分量】命令，如图 23.19 所示，绘制摇杆 EG 的角速度曲线，如图 23.20 所示。同样地，绘制角加速度曲线，如图 23.21 所示。

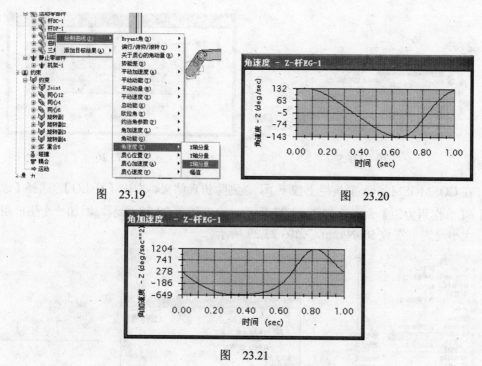

图　23.19　　　　　　　　　　　　图　23.20

图　23.21

右击【杆 EG】，选择【添加目标结果】/【角位移】命令，如图 23.22 所示，设置如图 23.23 所示，可以得到摇杆 EG 的角位移变化曲线，如图 23.24 所示。

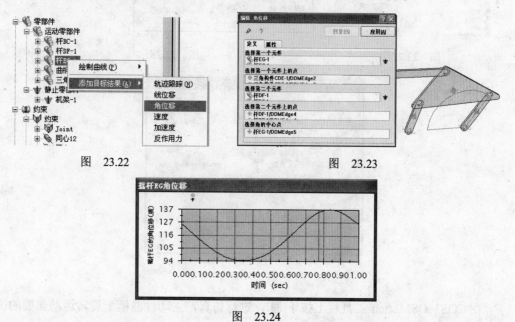

图　23.22　　　　　　　　　　　　图　23.23

图　23.24

　　右击【约束】/【Joint】，选择【绘制曲线】/【旋转运动驱动】/【力矩 Z】命令，如图 23.25 所示，得到主动件曲柄上旋转运动需要的平衡力矩随时间变化的曲线，如图 23.26 所示。

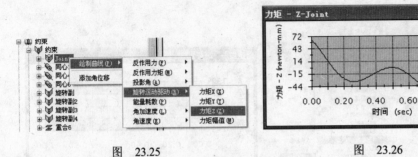

　　图　23.25　　　　　　　　　　　　　　　　　图　23.26

　　在 COSMOSMotion 工具栏上按下 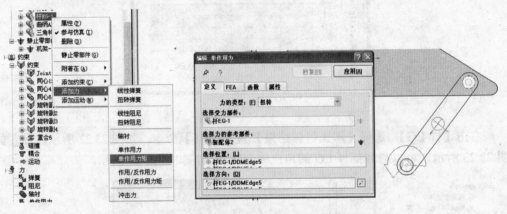，删除仿真结果，右击【杆 EG】，选择【添加力】/【单作用力矩】命令，如图 23.27 所示，设置如图 23.28 所示，添加一个生产阻力矩，大小设置为常数 500N/mm，如图 23.29 所示。

　　图　23.27　　　　　　　　　　　　　　　　　图　23.28

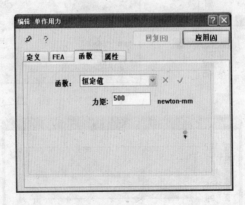

　　图　23.29

　　在 COSMOSMotion 工具栏上按下 　，进行仿真，主动件曲柄上旋转运动需要的平衡力矩随时间变化的曲线如图 23.30 所示，与前面相比较，可见有较大的变化。此时，由于主动件曲柄 AB 角速度不变，杆 EG 角速度、角加速度也将不变，如图 23.31 和图 23.32 所示。

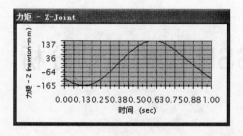

图   23.30

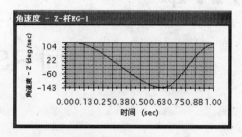

图   23.31

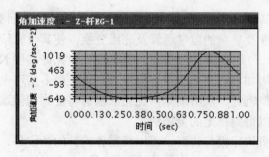

图   23.32

第**24**章

空间 RSSR 机构运动分析

空间两球面副两转动副四杆机构（RSSR 机构）的轨迹综合研究广泛应用于机构学、机器人等领域。由于涉及复杂的数学运算及三维变换，使其研究较为困难。目前对其研究主要采用两种方法，一是根据 N 维设计向量在理论上允许实现 N 个无偏差的点，列出非线性方程组求解，例如本例共七个设计向量，理论上最多实现七点轨迹再现；另一种方法是优化法求解近似轨迹，众所周知，优化法求解将受到初值选取、目标函数性态及寻优方法的影响，难以得到稳定的全域解。

本章介绍 RSSR 机构建模与仿真，可以获得各构件的角位移、角速度等运动规律曲线，也可以得到空间连杆上任意一点的轨迹，可以避免自己求解方程。

24.1 工 作 原 理

空间 RSSR 机构如图 24.1 所示，具有两个球面副（Spherical Joint）A、B，及两个旋转副（Revolute Joint）O_1、O_2，当曲柄 O_1A 匀速转动时，摇杆 O_2B 绕 O_2 摆动，连杆 AB 上一点 P 的轨迹为一条空间曲线。

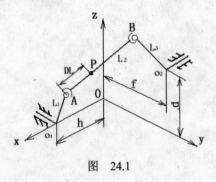

图 24.1

24.2 零 件 造 型

1. 曲柄

绘制曲柄扫描路径草图如图 24.2 所示，为便于利用现有基准面建立草图平面，其中一端为坐标原点，退出草图。

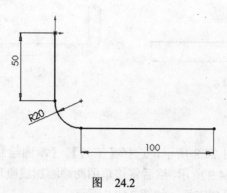

图　24.2

右击【上视基准】，选择【插入草图】命令，在与曲柄扫描路径垂直的面上绘制一个直径为 20mm 的圆，退出草图，选择【插入】/【凸台/基体】/【扫描】命令，如图 24.3 所示。

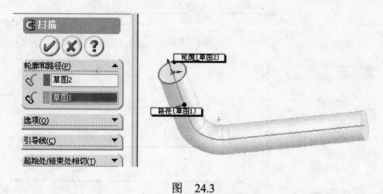

图　24.3

在端面插入并绘制草图，如图 24.4 所示，退出草图，旋转该草图得到图 24.5 所示的曲柄。

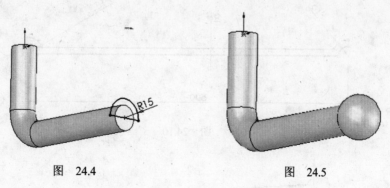

图　24.4　　　　　　　　　　　　图　24.5

2. 摇杆

将上面的曲柄另存为摇杆，修改扫描路径草图，如图 24.6 所示，退出草图，就得到摇杆造型，如图 24.7 所示。

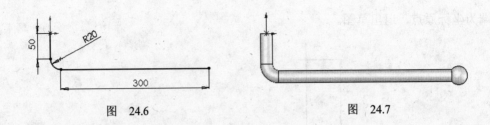

图 24.6　　　　　　　　　　　　　　　　　　　图 24.7

3. 连杆

　　绘制连杆草图，如图 24.8 所示，选择【工具】/【草图绘制工具】/【等距实体】命令，距离为 10mm，如图 24.9 所示，然后将该草图两端添加线段形成封闭轮廓，如图 24.10 所示，退出草图，旋转得到连杆，如图 24.11 所示。

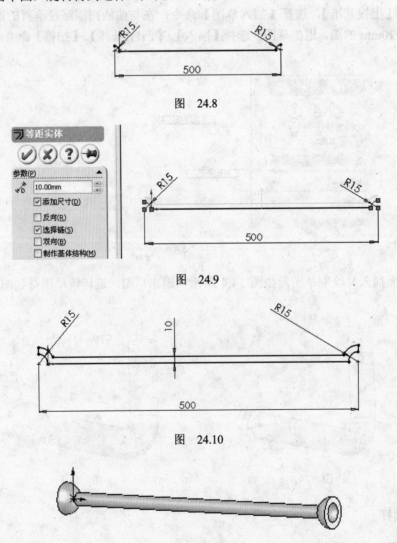

图　24.8

图　24.9

图　24.10

图　24.11

4. 机架

绘制一边长为 600mm×600mm×600mm 的立方体，在端面插入一草图，如图 24.12 所示，退出草图，拉伸切除，距离为 530mm，如图 24.13 所示。

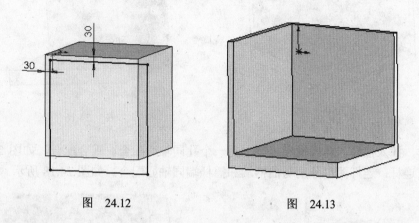

图　24.12 　　　　　　　　　　　　　图　24.13

在两表面分别插入草图，各绘制一直径为 20mm 圆，位置如图 24.14 所示，拉伸贯穿切除，得到机架。

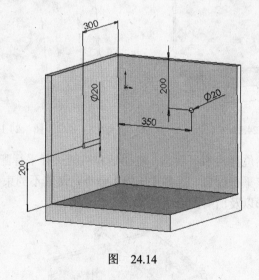

图　24.14

24.3　装　　配

选择【文件】/【新建】/【装配体】命令，建立一个新装配体文件，以文件名"空间 RSSR 机构运动分析装配体"保存该文件。

插入机架和曲柄，曲柄轴和机架孔同轴心配合，如图 24.15 所示，曲柄端面和机架面重合配合，如图 24.16 所示。

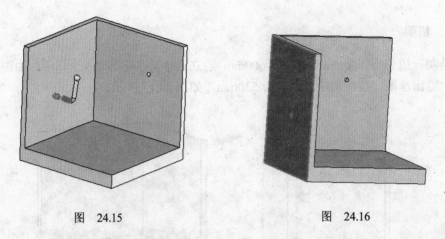

图 24.15　　　　　　　　　　图 24.16

同样，插入摇杆，摇杆轴和机架上另一个孔同轴心配合、重合配合，如图 24.17 所示。插入连杆，连杆两端分别与曲柄端和摇杆端同轴心配合，如图 24.18 所示。

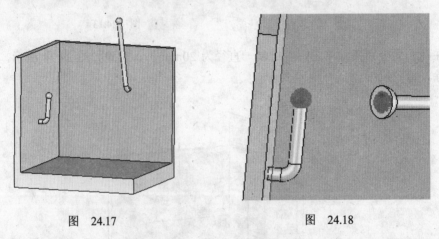

图 24.17　　　　　　　　　　图 24.18

为了使得曲柄初始位置为水平状态，将曲柄和机架进行平行配合，如图 24.19 所示。然后在设计树上右击该平行配合，选择【压缩】命令，使其不约束仿真运动，如图 24.20 所示。装配完毕后图形以及所有配合关系如图 24.20 所示。

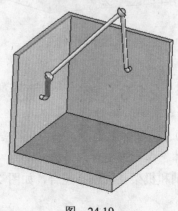

图　24.19

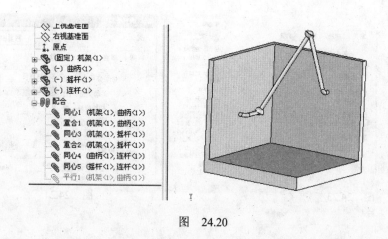

图　24.20

24.4　仿　真

在设计树上选择运动分析图标 📎，右击【机架】，选择【静止零部件】命令，将机架设置为【静止零部件】。其余零件均设置为【运动零部件】。

24.4.1　添加球副和运动

根据装配图中的约束，只是自动形成了曲柄和摇杆与机架的旋转副，如果直接进行运动仿真，连杆两端的球副处就没有约束，连杆会掉下来，如图 24.21 所示。空间球副需要另外添加。

右击【约束】，选择【添加球副】命令，如图 24.22 所示，设置和选择如图 24.23 所示。

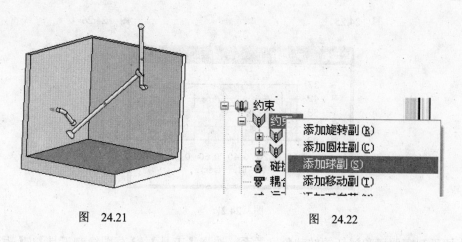

图　24.21　　　　　　　　　　图　24.22

同样地，给连杆另一端加上球副。选择曲柄和与机架组成的旋转副，添加一个运动，设置如图 24.24 所示。

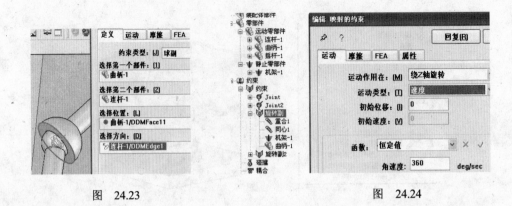

图　24.23　　　　　　　　　　　　　　　　　图　24.24

24.4.2　运动规律仿真

仿真时间设置为 1s，帧的数目设置为 100。在 COSMOSMotion 工具栏上按下 $\boxed{\quad}$，进行仿真。

仿真完成后，右击【曲柄】，选择【绘制曲线】/【欧拉角】/【ϕ】命令，如图 24.25 所示。对曲柄绘制进动角ϕ，如图 24.26 所示，对摇杆绘制自转角ψ，如图 24.27 所示。

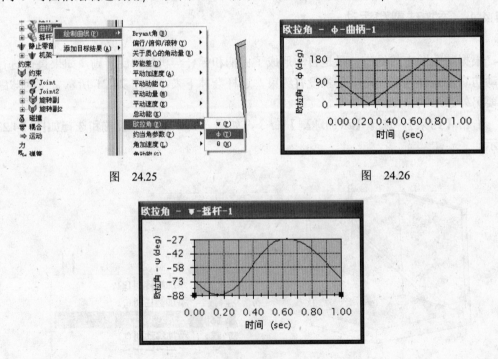

图　24.25　　　　　　　　　　　　　　　　　图　24.26

图　24.27

为便于观察曲柄和摇杆的转动角度关系，选择【工具】/【草图绘制工具】/【矩形】命令，选择在曲柄与机架重合的端面，绘制一矩形草图，如图 24.28 所示，退出草图，选择【插入】/【装配体特征】/【切除】/【拉伸】命令，拉伸切除一个厚 10mm 的矩形槽，如图 24.29 所示。

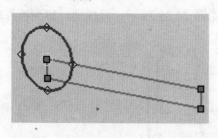

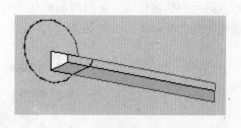

图　24.28　　　　　　　　　　　图　24.29

再次执行仿真，右击【曲柄】，选择【添加目标结果】/【角位移】命令，如图 24.30所示。

图　24.30

【第一个元件上的点】选择如图 24.31 所示，【第二个元件上的点】选择如图 24.32所示，【选择角的中心点】选择如图 24.33 所示。

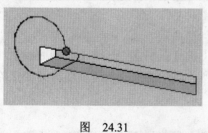

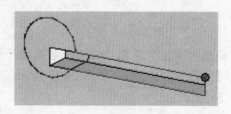

图　24.31　　　　　　　　　　　图　24.32

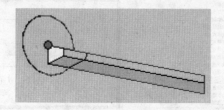

图　24.33

右击【结果】/【角位移】，选择【ADisplacement】/【曲线幅值】命令，如图 24.34 所示。得到曲柄转角幅值随时间的变化关系，如图 24.35 所示。同样地，得到摇杆转角幅值随时间的变化关系，如图 24.36 所示。

图　24.34

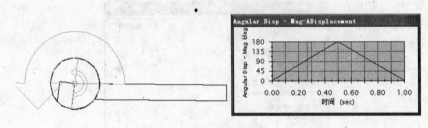

图　24.35

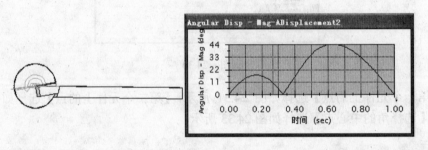

图　24.36

曲柄角速度为常数 360°/s，右击设计树上的【摇杆】，选择【绘制曲线】/【角速度】/【Z 轴分量】命令，如图 24.37 所示，得到从动件摇杆的角速度随时间变化的关系，如图 24.38 所示。

图　24.37

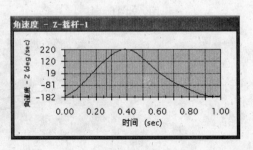

图　24.38

24.4.3　连杆轨迹曲线仿真

为了求得连杆上任意一点的轨迹,将连杆零件图打开,在上面切一个小孔,便于观察和选择该点绘制轨迹曲线。

在前视基准面中插入草图。绘制一个圆,如图 24.39 所示,退出草图,拉伸贯彻切除,在连杆上切出一个小孔,如图 24.40 所示。

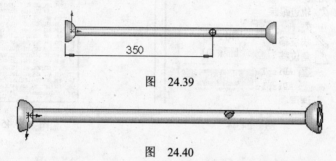

图　24.39

图　24.40

再次执行仿真,右击【结果】/【轨迹跟踪】,选择【生成轨迹跟踪】命令,如图 24.41 所示。选择连杆上切出的小孔,如图 24.42 所示,得到该点轨迹,如图 24.43 所示。

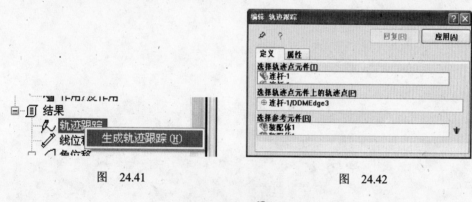

图　24.41　　　　　　　　　　　　　　图　24.42

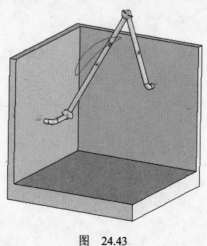

图　24.43

右击【结果】/TracePath，选择【输出 CSV】命令，如图 24.44 所示，可以得到轨迹各点的坐标，由于这里帧的数目设置为 100，因此轨迹为 100 点数，其三维坐标数据如图 24.45 所示。若想得到更多的点，可加大帧的数目设置。

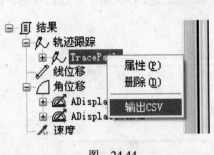

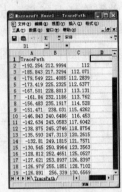

图　24.44   图　24.45

钟表运转模拟

本章对钟表进行建模和运转模拟，介绍了在零件上凸显文字或刻度的方法，通过耦合约束，使得钟表的时针、分针和秒针按照给定的转速比运转。

25.1　工作原理

钟表模型如图 25.1 所示，由表座、表盘、表壳、时针、分针和秒针组成，时针转 1h，在图中为 1 小格，即 30°，分针转 60min，在图中为 1 周，即 360°，秒针转 3600s，在图中为 60 周，即 60×360°=21 600°。这里，表座的建模进行了简化，读者可以根据需要做出更接近实际的复杂模型。

图　25.1

25.2　零件造型

1．表盘

绘制表盘草图，如图 25.2 所示，拉伸，厚度为 1mm，在端面右击，插入草图，绘制一个圆弧，如图 25.3 所示。

SolidWorks 及 COSMOSMotion 机械仿真设计

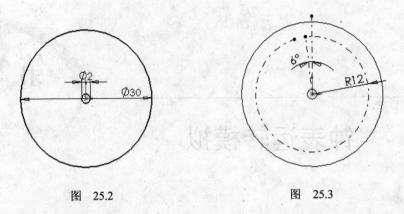

图 25.2   图 25.3

选择【工具】/【草图绘制实体】/【文字】命令，输入文字，设置如图 25.4 所示，选择该圆弧作为文字分布位置曲线，改变圆弧起始位置点可以调整输入文字的位置，注意使文字之间的间距相等，这样才能使其沿圆周方向均匀分布。选择【字体】，设置字体格式，如图 25.5 所示。

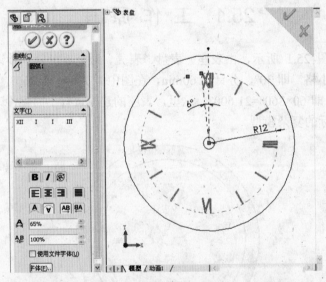

图 25.4

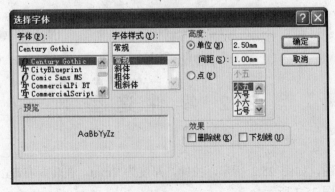

图 25.5

退出草图，拉伸文字草图，厚度为 1mm，在表盘上刻出文字，如图 25.6 所示。在表盘上右击，选择【面】/【外观】/【颜色】命令，给表盘表面加上淡蓝色，如图 25.7 所示。

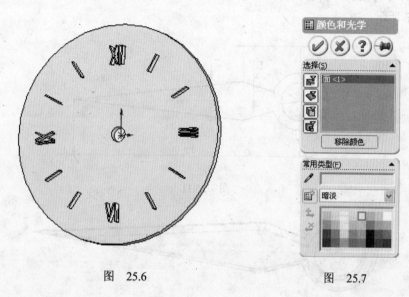

图 25.6　　　　　　　　　　　　　　图 25.7

2. 时针

绘制时针草图，如图 25.8 所示，退出草图，拉伸，厚度为 0.5mm，如图 25.9 所示，所有外棱边倒角 0.2×45°，得到时针造型，如图 25.10 所示。

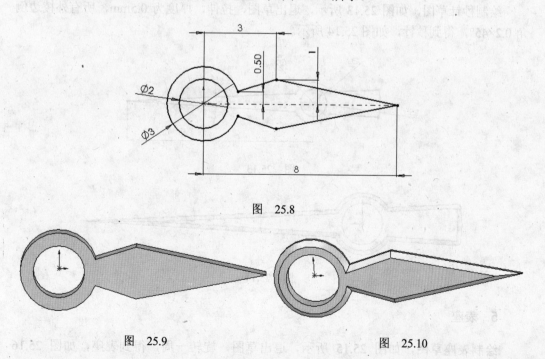

图 25.8

图 25.9　　　　　　　　　　　　　图 25.10

3. 分针

将时针零件图文件另存为分针，修改草图，如图 25.11 所示，退出草图，得到分针，如图 25.12 所示。

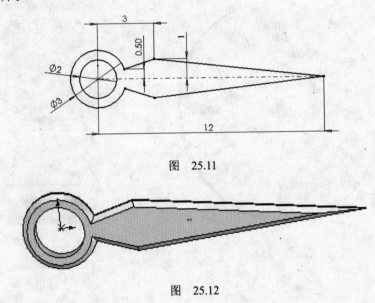

图　25.11

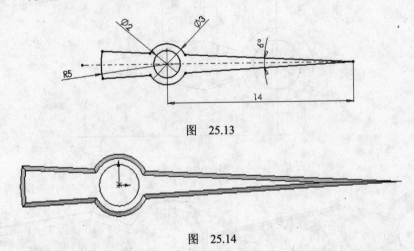

图　25.12

4. 秒针

绘制秒针草图，如图 25.13 所示，退出草图，拉伸，厚度为 0.5mm，所有外棱边倒角 0.2×45°，得到秒针，如图 25.14 所示。

图　25.13

图　25.14

5. 表座

绘制表座草图，如图 25.15 所示，退出草图，旋转一周，得到表座，如图 25.16

所示。

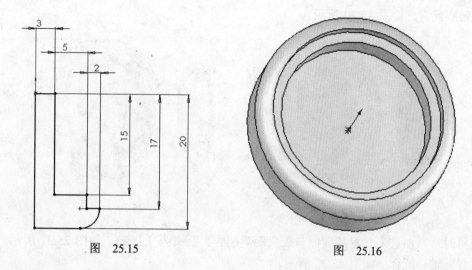

图 25.15

图 25.16

6. 表壳

绘制表壳草图，如图 25.17 所示，选择【工具】/【草图绘制实体】/【三点圆弧】命令，绘制表壳的圆弧曲线，先选取圆弧的首末两点，然后移动鼠标决定圆弧上的第三点所在的角度 A 和半径 R，如图 25.17 所示。退出草图，旋转一周，得到表壳，如图 25.18 所示。材质设置为【塑料】/【有机玻璃】。

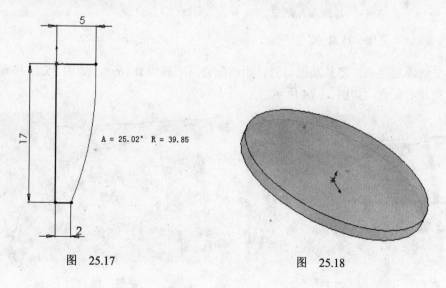

图 25.17

图 25.18

25.3 装　　配

选择【文件】/【新建】/【装配体】命令，建立一个新装配体文件，以文件名"钟表运转模拟装配体"保存该文件。

将前面完成的表座和表盘添加进来，将其端面重合配合，如图 25.19 所示，然后进行同轴心配合，如图 25.20 所示。

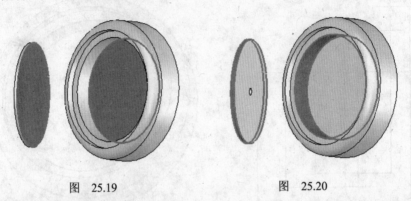

图　25.19　　　　　　　　　　图　25.20

将时针添加进来，将其端面与表盘距离配合，距离为 1.1mm，如图 25.21 所示，然后进行同轴心配合，如图 25.22 所示。

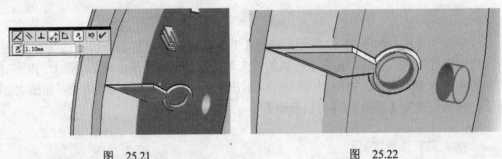

图　25.21　　　　　　　　　　图　25.22

将分针添加进来，将其端面与时针距离配合，距离为 0.1mm，如图 25.23 所示，然后进行同轴心配合，如图 25.24 所示。

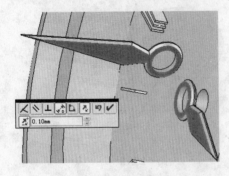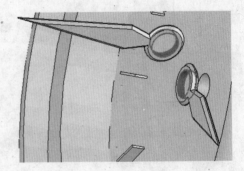

图　25.23　　　　　　　　　　图　25.24

将秒针添加进来，将其端面与分针距离配合，距离为 0.1mm，如图 25.25 所示，然后进行同轴心配合，如图 25.26 所示。

用鼠标将三指针移动到恰当的位置，如图 25.27 所示，也可以全部指向 12 点位置来使得各针之间保持正确的位置关系。

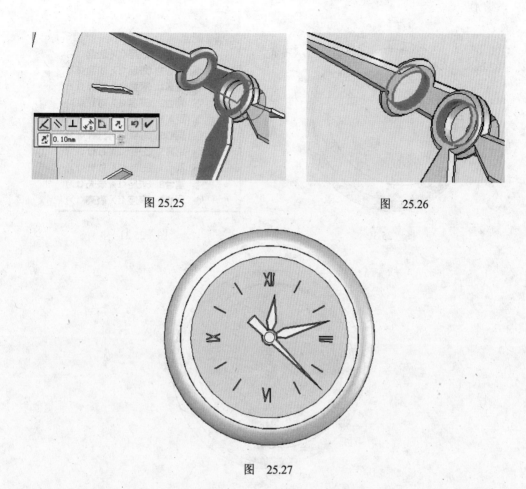

图 25.25　　　　　　　　　　　　　　图　25.26

图　25.27

　　将表壳添加进来，将其端面与表座重合配合，如图 25.28 所示，然后进行同轴心配合，如图 25.29 所示。

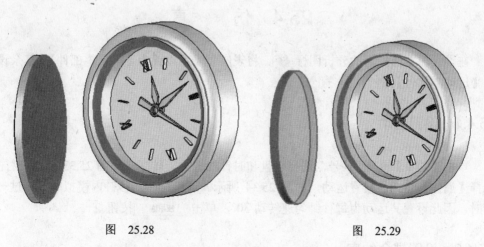

图　25.28　　　　　　　　　　　　　　图　25.29

　　装配完毕后，如图 25.30 所示，所有的配合关系如图 25.31 所示，右击表壳，选择更改透明度，得到表的形状如图 25.32 所示。

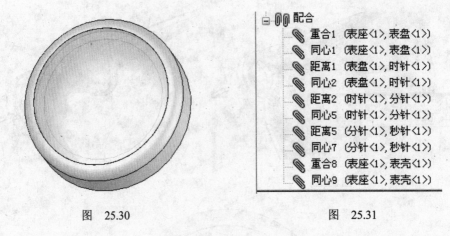

图　25.30   图　25.31

图　25.32

25.4　仿　真

在设计树上选择运动分析图标 ，将表座和表盘设置为【静止零部件】，其余设置为【运动零部件】。

25.4.1　设置运动

单击【约束】前面的+号，选择表盘和时针构成的旋转副，如图 25.33 所示，右击，选择【属性】命令，设置运动，如图 25.34 所示。这里，在一秒钟内模拟时针走过一个小时，因此设置其运动为每秒钟匀速转动 30°，单击 应用(A) 按钮。

25.4.2　设置耦合约束

右击【耦合】，选择【添加耦合】命令，【何时约束】栏选择表盘和时针构成的旋转副,【约束】栏选择时针和分针构成的旋转副,如图 25.35 所示,单击 应用(A) 按钮。

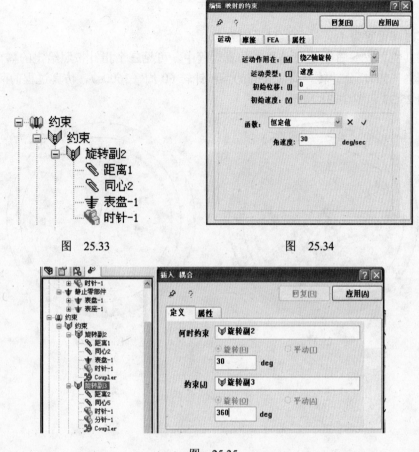

图　25.33　　　　　　　　　　　　　图　25.34

图　25.35

再次右击选择【耦合】/【添加耦合】命令,【何时约束】栏选择时针和分针构成的
旋转副,【约束】栏选择分针和秒针构成的旋转副,如图 25.36 所示,单击 应用(A) 按钮。

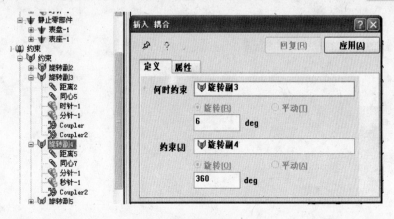

图　25.36

25.4.3　运转仿真

仿真时间设置为 1s，帧的数目设置为 500。

在工具栏上按下 ▣，进行仿真。仿真过程中，可见三个指针按照给定的耦合关系，时针转一格（1h），分针转一周（60min），秒针转 60 周（3600s）。仿真过程的两个位置分别如图 25.37 和图 25.38 所示。

图　25.37   图　25.38

第 26 章

搅拌机机构模拟

本章建立搅拌机机构模型，模拟连杆端点搅拌的空间曲线，并以 Excel 表格形式输出轨迹点的三维坐标。通过改变机构尺寸，可以使得连杆端点的轨迹按照预定的轨迹运动。

26.1 工 作 原 理

搅拌机机构简图如图 26.1 所示，由曲柄、连杆、摇杆、机架组成四杆机构，加上容器构成。曲柄绕机架转动，容器绕自身轴线转动，要求连杆端点的轨迹按照预定的轨迹运动。

由于连杆端点相对四杆机构在铅垂平面运动，容器在水平面内旋转，因此，连杆端点相对容器的运动轨迹是一条空间曲线，可以达到搅拌容器中物料的目的。

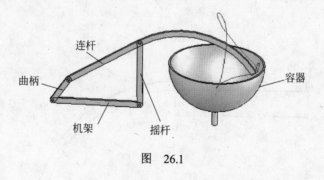

图　26.1

26.2 零 件 造 型

1. 四杆机构

曲柄草图如图 26.2 所示，退出草图后，拉伸，厚度为 5mm，以文件名"曲柄"保存该零件。

选择【文件】/【另存为】命令，把文件"曲柄"另外以"摇杆"保存，将其长度加长，如图 26.3 所示，得到摇杆。同样，得到机架，如图 26.4 所示。

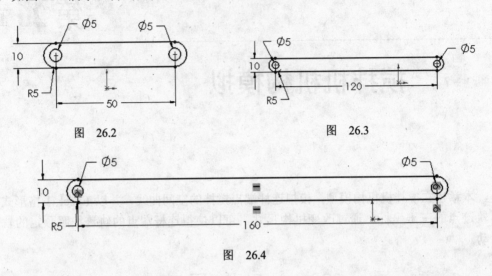

图 26.2   图 26.3

图 26.4

连杆草图如图 26.5 所示，选择【工具】/【草图绘制工具】/【等距实体】命令，完成草图，如图 26.6 所示，退出草图，拉伸，厚度为 5mm，得到零件连杆。

图 26.5

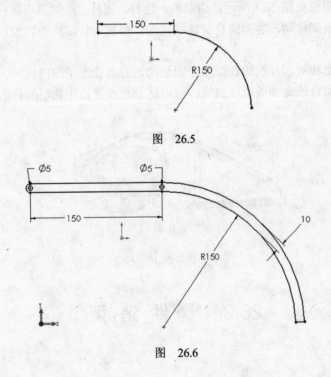

图 26.6

2. 容器

容器草图如图 26.7 所示，退出草图，旋转 360°，得到容器如图 26.8 所示。

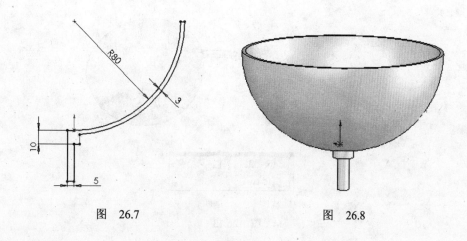

图 26.7   图 26.8

26.3 装　　配

选择【文件】/【新建】/【装配体】命令，建立一个新装配体文件，以文件名"搅拌机机构装配体"保存该文件。

把前面完成的零件机架、曲柄添加进来，采用同轴心配合，如图 26.9 所示，然后重合配合，如图 26.10 所示。

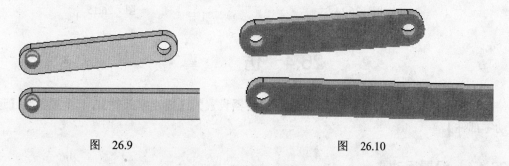

图 26.9   图 26.10

把连杆添加进来，与曲柄进行同轴心配合和重合配合，如图 26.11 所示。把摇杆添加进来，分别与连杆和机架同轴心配合，与机架重合配合，如图 26.12 所示。

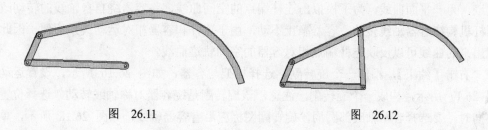

图 26.11   图 26.12

把容器添加进来，与机架底端进行距离配合，距离设置为 15mm，如图 26.13 所示，装配完成后如图 26.14 所示，所有配合关系如图 26.15 所示。

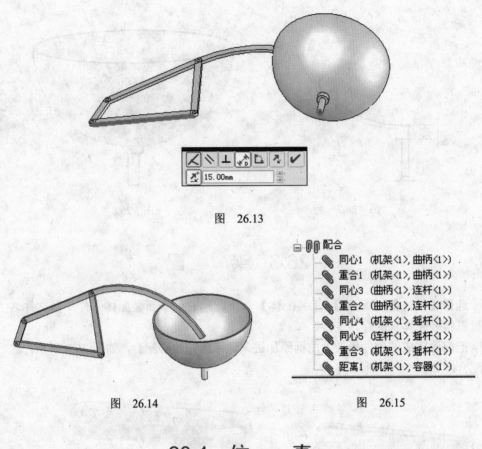

图   26.13

图   26.14

□ 🔗 **配合**
　🔗 同心1（机架<1>，曲柄<1>）
　🔗 重合1（机架<1>，曲柄<1>）
　🔗 同心3（曲柄<1>，连杆<1>）
　🔗 重合2（曲柄<1>，连杆<1>）
　🔗 同心4（机架<1>，摇杆<1>）
　🔗 同心5（连杆<1>，摇杆<1>）
　🔗 重合3（机架<1>，摇杆<1>）
　🔗 距离1（机架<1>，容器<1>）

图   26.15

26.4　仿　　真

在设计树上选择运动分析图标⚙，将容器设置为【静止零部件】，其余设置为【运动零部件】。

26.4.1　设置运动

如果按照曲柄绕机架转动，容器绕自身轴线转动，连杆端点的轨迹将是相对机架的轨迹，为一平面曲线。为了模拟出连杆端点的空间曲线，将容器绕自身轴线的转动改为四杆机构绕容器轴线转动，容器静止不动，由于连杆和容器相对运动关系不便，因此模拟出来的曲线可以反映连杆端点相对容器的空间轨迹曲线。

右击【约束】，添加一个旋转副，选择机架与容器，如图 26.16 所示，设置运动如图 26.17 所示，构成一个旋转副。注意，该旋转副是绕容器对称轴线转动，选择位置和方向时，要选择容器轴底部圆周，旋转副图标应沿着容器轴线，如图 26.18 所示，单击 [应用(A)] 按钮。这样，就使得容器和机架之间，有一个绕容器对称轴线旋转的相对运动。

右击【约束】下面由机架与曲柄组成的旋转副，设置运动关系如图 26.19 所示，单击 [应用(A)] 按钮。

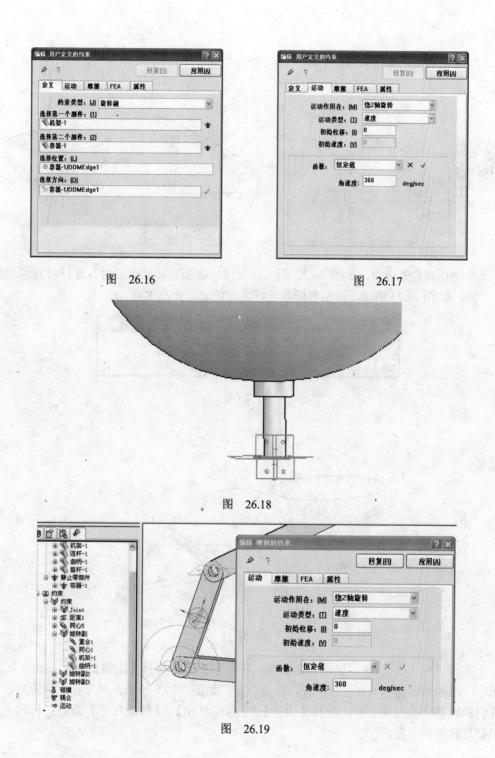

图 26.16

图 26.17

图 26.18

图 26.19

26.4.2 轨迹显示

仿真时间设置为 1s，帧的数目设置为 100。仿真一次。选择【结果】/【轨迹跟踪】/
【生成轨迹跟踪】命令，如图 26.20 所示，选择连杆端上顶点，得到曲柄运动一周时连杆端点的运动轨迹，如图 26.21 所示。

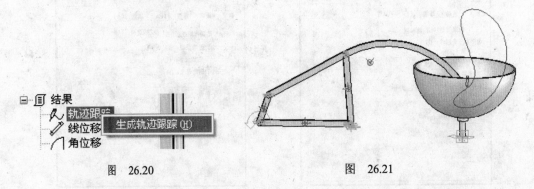

图 26.20   图 26.21

拖动仿真位置滑块，如图 26.22 所示，发现当曲柄运转到远端时，连杆将和容器发生干涉，如图 26.23 所示，说明容器与连杆之间的水平距离太远。

图 26.22

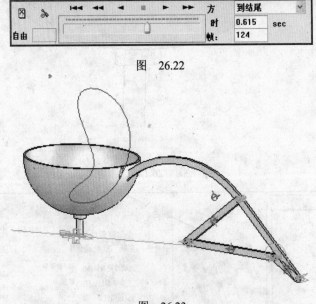

图 26.23

在设计树上选择 ，退出仿真状态，右击【距离】，选择【压缩】命令，如图 26.24 所示，用鼠标拖动容器到适当位置，再次仿真，如图 26.25 所示，可见在此位置时，连杆将和容器不会发生干涉。选择【工具】/【标注尺寸】/【智能尺寸】命令，标出此时机架与容器的位置。

26.4.3 修改设计

打开连杆零件文件，把连杆的长度由 150 改变为 130，如图 26.26 所示，重新仿真，可见轨迹曲线形状将有所改变，如图 26.27 所示。通过改变各杆长度，反复比较修改，就可以得到需要的搅拌轨迹曲线。

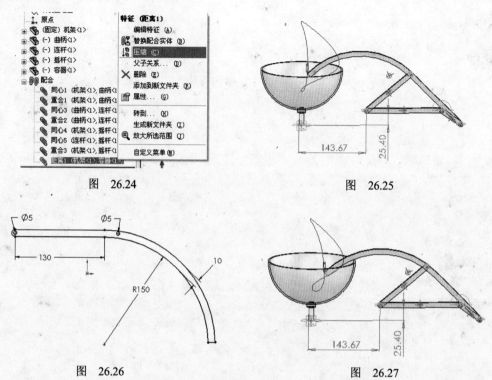

图　26.24

图　26.25

图　26.26

图　26.27

选择【结果】/【轨迹跟踪】/【生成轨迹跟踪】命令，右击 TracePath，选择【输出 CSV】命令，如图 26.28 所示，得到该轨迹的 Excel 格式的数据文件输出，如图 26.29 所示。

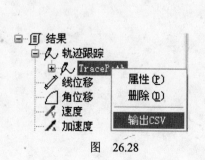

图　26.28

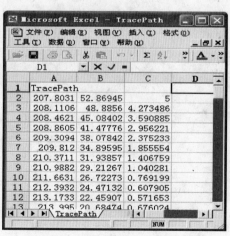

图　26.29